高等职业教育课程改革项目研究成果系列教材
"互联网+" 新形态教材

PLC 应用技术（第 2 版）

主　编　王菲菲　　闫玉根
副主编　高　南　　张金红　　黄文静
　　　　张玉婷　　杨静芬
主　审　李建朝

U0234613

北京理工大学出版社
BEIJING INSTITUTE OF TECHNOLOGY PRESS

内 容 简 介

　　根据对工业现场控制系统的调研与分析，本书以市场占有率高、代表自动化领域发展方向的控制器产品——西门子 S7-1200 CPU 为载体，通过运料小车的运行控制、料斗装料延时控制、生产过程数据记录与处理、PLC 控制变频器调速、立体仓库运载机构定位控制、多站点通信控制 G120 六个项目，介绍 PLC 控制器操作原理、常用指令、PLC 运动控制和 PLC 的常用通信，了解控制系统构架，训练梯形图编程思维。本书实例以 TIA Protal V16 编程软件为开发环境。

　　项目源于工业现场典型控制环节，每个项目按照知识相关性及知识点的独立性分解为 2~4 个任务，任务内容安排遵循工程项目实施过程，按照"任务工单—知识库—工具箱—实施引导—任务实施记录单—考核评价单—技为我用—进阶测试" 8 个环节递进，体现工程技术人员从接收任务、探索解决方案、补充新知、实施调试，到递交文档、总结内化的工作程序。

　　本书配有大量微课、动画等视频类数字资源，方便学生扫码学习。同时配有全部任务的 PPT、示例程序等电子资源，具体下载和获取方式请联系本书策划编辑。

　　本书项目式的教学编排，适用于高等职业教育本科、专科进行项目教学，尤其面向装备制造大类相关专业的学生，是符合高等职业教育人才培养的教材，同时本书也可作为工程技术人员的参考资料和培训用书。

图书在版编目（CIP）数据

　　PLC 应用技术／王菲菲，闫玉根主编. — 2 版. --
北京：北京理工大学出版社，2024.4（2025.1 重印）
　　ISBN 978-7-5763-3935-2

　　Ⅰ. ①P…　Ⅱ. ①王…②闫…　Ⅲ. ①PLC 技术-高等
职业教育-教材　Ⅳ. ①TM571.61

　　中国国家版本馆 CIP 数据核字（2024）第 091061 号

责任编辑：陈莉华　　　文案编辑：陈莉华
责任校对：刘亚男　　　责任印制：施胜娟

出版发行／北京理工大学出版社有限责任公司
社　　址／北京市丰台区四合庄路 6 号
邮　　编／100070
电　　话／（010）68914026（教材售后服务热线）
　　　　　　（010）63726648（课件资源服务热线）
网　　址／http://www.bitpress.com.cn

版 印 次／2025 年 1 月第 2 版第 2 次印刷
印　　刷／涿州市新华印刷有限公司
开　　本／787 mm×1092 mm　1/16
印　　张／20.75
字　　数／472 千字
定　　价／58.00 元

前言

　　"PLC技术应用"课程是职业教育本科自动化技术与应用、电气工程及自动化专业的核心课程，也是职业教育专科电气自动化技术、机电一体化技术、工业机器人技术等装备制造类专业的专业课程。本教材以智能制造工程技术人员国家职业技术技能标准、电气自动化技术相关专业教学标准和可编程控制器系统应用编程职业技能等级标准的要求为依据，融入全国职业院校技能大赛高职组"工业网络智能控制与维护"赛项内容，以企业应用的典型工作任务为载体，应用教学做一体化理念设计编写内容。

　　本教材以项目为单位，一个项目对应一种典型工业控制场景，每个项目的知识点与技能点相对独立。每个项目又分解为几个小任务，化繁为简、化整为零，分散难度，小任务内容编排遵循实际项目实施过程，"任务工单"提出项目需求，"知识库""工具箱"包含项目实现的认知与能力体系，"实施引导"即项目推进过程与完成结果，"任务实施记录单"及"考核评价单"是项目过程文件及终极文档，"技为我用"促进技能的内化，"进阶测试"用于考查知识掌握程度。

　　本书项目式的教学编排，适用于高等职业教育本科、专科进行项目教学，尤其面向装备制造大类相关专业的学生，是符合高等职业教育人才培养的教材，同时本书也可作为工程技术人员的参考资料和培训用书。对于没有PLC基础的高职学生，可以采用项目逐个递进的学习方式，建议总课时不少于64学时；企业技术培训可选择某个或某几个项目进行重点学习，课时安排视具体情况而定。本书由王菲菲、闫玉根担任主编，高南、张金红、黄文静、张玉婷、杨静芬担任副主编，陈旭凤、王桂洋、刘爽爽参与了稿件整理及图片编辑等工作。闫玉根为领航智能科技有限公司工程师，有丰富的现场生产及设备调试经验，为本书编写提供了真实企业生产案例。

　　因作者水平有限，书中难免有疏漏之处，恳请读者批评指正。

编　者

目 录

项目 1

运料小车的运行控制

 岗课赛证融通要求

智能制造工程技术人员国家职业技术技能标准		
工作内容	**专业能力要求**	**相关知识要求**
3.2 安装、调试、部署和管控智能装备与产线	3.2.2 能进行智能装备与产线单元模块的现场安装和调试	3.2.3 智能装备与产线现场安装与调试技术基础 3.2.4 PLC 基础应用知识
可编程控制器系统应用编程职业技能等级标准		
工作领域	**工作任务**	**技能要求**
3. 可编程控制器系统编程	3.1 可编程控制器基本逻辑指令编程	3.1.1 能够正确创建新的 PLC 程序 3.1.2 能够使用常开/常闭指令完成程序编写 3.1.3 能够使用上升沿/下降沿指令完成程序编写 3.1.4 能够使用输出/置位/复位指令完成程序编写
全国职业院校技能大赛高职组"工业网络智能控制与维护"赛项		
任务要求：操作人员可以现场对控制单元进行操作、编程与调试，完成整个装配生产线系统的自动运行、自动监测和自动管理。		

 **项目引入**

　　在原料仓库与加工生产线之间，有一个用来运送原材料的运料小车，如图 1.0-1 所示。运料小车由三相电动机 M1 驱动进行直线运动。操作人员按下启动按钮，小车启动运行，将原料从仓库运送到加工生产线，卸料后小车空车回到原料仓库进行下一次运送。为方便检修，运料小车另设置为手动运行模式，要求系统可以通过手动/自动切换开关切换模式。

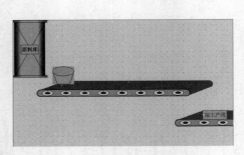

图 1.0-1　运料小车运行示意图

　　工业现场物料、产品的运送是一个必不可少的环节。机械手、AGV 小车等现代化手段的应用解决了部分运送问题，但大部分工业现场依然保留着运料小车的运送方式，如传送带、高炉运料等。

　　本项目是学习 S7-1200 的敲门砖，4 个任务涉及硬件接线、软件操作、程序结构、编程基础 4 个方面的基础知识。

```
                                    任务1.1  运料小车控制系统硬件接线
                                    任务1.2  运料小车运行PLC项目管理
项目1  运料小车的运行控制          任务1.3  运料小车启停控制
                                    任务1.4  运料小车手动/自动控制系统切换
```

任务 1.1 运料小车控制系统硬件接线

任务工单

任务名称	运料小车控制系统硬件接线	预计时间	**60 min**
材料清单	元件：S7-1200 CPU 1214C DC/DC/RLY、24 V 稳压源、按钮、交流异步电动机、交流接触器、指示灯、限位开关等； 工具：一字改锥、十字改锥、万用表、剥线钳、压线钳； 耗材：导线、线针	实施场地	PLC 控制柜、动力电源（教学推荐在具备多媒体条件的实训室，讲练结合）
任务描述	由交流异步电动机驱动实现运料小车的运行。要求运料小车在控制柜面板启动按钮按下后，可以沿着轨道自动往返运行，停止按钮按下后小车立刻停车。运行期间运行指示灯点亮。 本任务只涉及实现运料小车运行控制的 PLC 硬件接线。		
素质目标	（1）通过小组任务的实施培养凝聚协作的团队意识； （2）通过学习并应用 PLC 知识，培养学生学以致用的知识迁移能力； （3）通过硬件接线任务的操作培养学生发现问题、解决问题的职业素养		
知识目标	（1）掌握 PLC 的基本结构； （2）掌握 PLC 的工作原理； （3）了解 S7-1200 模块的应用； （4）掌握合理配置 PLC 工作电源和输入、输出电源的方法； （5）具备使用 PLC 进行控制系统开发的基础知识		
能力目标	（1）熟悉电工工具、万用表的使用； （2）能够按照控制要求选择 CPU； （3）能够正确连接 PLC 工作电源及输入、输出外接线路； （4）能进行 I/O 电路接线及排除接线故障； （5）训练发现及排除接线故障的能力		
资讯	S7-1200 用户手册 自动化网站		

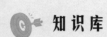 **知识库**

知识点 1：PLC 基本认知

1. PLC 的定义

可编程控制器（Programmable Logic Controller）简称 PLC。国际电工委员会（IEC）于 1985 年对 PLC 做了如下定义：PLC 是一种数字运算操作的电子系统，专为在工业环境下应用而设计。它采用可编程序的存储器，用来在其内部存储执行逻辑运算、顺序控制、定时、计数和算术运算等操作的指令，并通过数字或模拟的输入和输出，控制各种类型的机械或生产过程。PLC 及其有关设备，都应按照易于与工业控制系统连成一个整体、易于扩充功能的原则设计。

2. PLC 的特点

（1）可靠性高，抗干扰能力强。

传统继电器控制系统大量使用物理继电器，触点接触不良，故障率较高。PLC 使用软件代替物理继电器，接线量大幅度减少，且大大减少了触点接触不良的故障现象。

PLC 中一系列硬件、软件抗干扰措施提高了其工作可靠性。例如，I/O 接口采用光电隔离，将外部电路与 PLC 内部电路进行物理隔离；各模块的屏蔽措施可防止辐射干扰；内部电路的滤波电路，可防止和抑制高频干扰。PLC 具有良好的自诊断功能，可以预判系统软、硬件发生的异常。

（2）结构简单，功能完善，应用灵活，易于维护。

PLC 一般安装在控制柜中，可以在各种复杂工业环境下直接运行。使用时只需将现场各种输入输出设备与 PLC 的 I/O 端连接，即可投入使用。

各厂家的 PLC 产品已经标准化、系列化、模块化，用户可灵活方便地选择品类、功能齐全的 PLC 模块进行系统配置，组成不同功能、不同规模的系统。各种模块上都具有运行和故障指示灯，便于用户了解运行情况和查找故障。

（3）编程方便，易于使用。

充分考虑现场技术人员的技能和习惯，PLC 生产厂家采用面向用户的图形化编程语言。梯形图是使用最多的 PLC 编程语言，其符号和表达方式与继电器电路原理图相似，形象直观、易学易懂。开发设计人员可以在脱离工业现场的环境中编写、模拟调试程序，非常方便。

3. PLC 的应用

PLC 应用面广、功能强大、使用方便，已经成为当代工业自动化的主要支柱之一，在工业生产的所有领域得到广泛的使用。

在国内外，PLC 已广泛应用于能源、钢铁、石油、化工、电力、建材、机械制造、汽车、轻纺、交通运输、环保及文化娱乐等各个行业。

4. PLC 的分类

1）根据 PLC 结构形式分类

（1）整体式。整体式 PLC 的特点是将电源、中央处理器 CPU 单元、I/O 接口单元都集成在一个机壳内，结构、功能相对简单。可以通过扩展模块来扩展其功能。

（2）模块式。模块式结构 PLC 的特点是电源模块、中央处理器 CPU 模块、I/O 模块等在结构上是相对独立的，可根据现场控制要求，选择合适的模块安装在导轨上，构成一个完整的 PLC 控制系统。

2）按照 I/O 点数容量分类

I/O 点数是 PLC 选型时重要的一项技术指标，I/O 点数是指 PLC 面板上连接外部输入输出的端子数之和。点数越多表示 PLC 可接入的输入器件和输出器件越多，控制规模越大。

如 S7-1200 CPU 作为 Profinet I/O 控制器时支持 16 个 I/O 设备，所有 I/O 设备的子模块数量最多为 256 个。

知识点 2：PLC 基本结构

1. 整体式 PLC 硬件结构

整体式 PLC 硬件结构主要由中央处理器 CPU、存储器、输入输出接口、电源模块及外部扩展接口组成，所有单元集成在一个机壳内。其内部结构如图 1.1-1 所示。

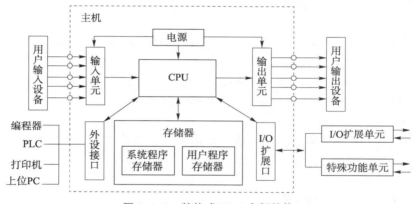

图 1.1-1 整体式 PLC 内部结构

整体式 PLC 硬件结构各部分功能如下。

（1）中央处理器 CPU。

中央处理器 CPU 一般由通用微处理器、单片机或双极型位片式微处理器构成，完成 PLC 的控制和监视操作。CPU 通过数据总线、地址总线和控制总线与存储器、I/O 接口电路连接，主要实现以下功能。

①接收、存储用户程序。

②接收输入数据和状态，存入相应的数据存储区。

③执行用户程序，完成数据和信息处理，产生相应输出控制信号。

④响应外部设备的请求。

（2）存储器。

存储器是 PLC 存放系统程序、用户程序和运行数据的单元。PLC 中有两种类型的存储器：一种是只读存储器（ROM），如 EPROM 和 EEPROM，只读存储器存放 PLC 的操作系统，由制造商固化，通常不能修改；另一种是可读写随机存取存储器（RAM），主要用于存放用户程序和系统参数，存储 I/O 过程数据、程序运行中间数据和结果、系统管理。

（3）输入输出接口。

输入输出接口是工业现场各种信号与 PLC 内部信号的连接桥梁，一般均配有电子变换、光耦合器、阻容滤波等电路。输入输出接口主要有两大作用：一是利用内部隔离电路隔离 PLC 内部与工业现场，起到保护作用；二是将不同的外部信号调理为 CPU 可以处理的信号。

（4）外部扩展接口。

一般 PLC 的功能扩展或者与外部设备的联系，可以通过外部扩展接口来完成。通信接口可以实现上位机与 PLC 的通信。

（5）电源模块。

PLC 使用交流 220 V 电源或直流 24 V 电源。整体式 PLC 电源模块用于将输入电压转化为内部工作电源，一般为 24 V 和 5V，它们向 PLC 的 CPU、存储器等提供工作电源；同时也可以为输入电路和外部电子传感器提供直流 24 V 电源。

2. 模块式 PLC 的模块类型

模块式 PLC 的模块类型主要有 CPU 模块、信号模块、电源模块、功能模块、接口模块、通信处理模块，可选择不同的模块安装在机架上。

（1）CPU 模块。

CPU 模块主要由微处理器（CPU 芯片）和存储器组成，其主要功能与整体式相同。

（2）信号模块。

输入输出模块简称为信号模块，包括开关量输入 DI/输出 DO、模拟量输入 AI/输出 AO 这 4 种信号。信号模块是 CPU 与外部现场设备联系的桥梁。

（3）功能模块。

即各种不同功能的扩展模块，如高速计数模块、位置控制模块、闭环控制模块等。在需要这些功能时，可以选择添加。

知识点 3：PLC 工作原理

PLC 中的程序分为系统程序与用户程序。系统程序用来处理 PLC 的启动、刷新过程映像输入输出区、调用用户程序、处理中断和错误、管理存储区和通信等任务。

用户程序由用户生成，用来完成用户要求的自动化任务。

PLC 上电后首先对硬件和软件做一些初始化操作，为了使 PLC 的输出及时地响应各种输入信号，初始化后在系统程序控制下，PLC 反复不停地分阶段处理各种不同的任务。这种周而复始地按固定顺序对系统内部的各种任务进行查询、判断和执行的过程称为循环扫描，扫描过程如图 1.1-2 所示。每一次循环扫描所用的时间称为扫描周期。

循环扫描过程可以被某些事件中断。如果出现了中断事件，当前正在执行的程序被暂

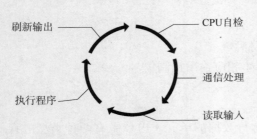

图 1.1-2　PLC 循环扫描过程

停，转而执行中断处理子程序。中断处理子程序完成后，暂停执行的程序将从被中断处开始继续执行。

知识点4：S7-1200 PLC 简介

SIMATIC S7-1200 是西门子公司新一代模块化小型机，其设计紧凑、成本低廉且具有功能强大的指令集，能充分满足中小型自动化的系统需求。

SIMATIC S7-1200 主要由 CPU 模块、信号板、信号模块、通信模块组成，如图1.1-3所示。所有的 SIMATIC S7-1200 硬件都具有内置安装夹，能够方便地安装在一个标准的35 mm DIN 导轨上。SIMATIC S7-1200 硬件可进行竖直安装或水平安装。

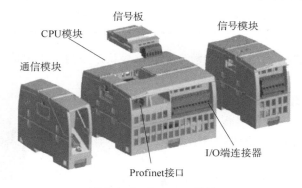

图 1.1-3　S7-1200 模块

1. CPU 模块

S7-1200 CPU 将微处理器、集成电源、数字量输入和输出电路、模拟量输入和输出电路、内置 Profinet 工业以太网接口、高速运动控制功能组合到一个设计紧凑的外壳中。

CPU 集成了高达 150 KB 的工作存储器，提供给用户指令和数据存储使用。同时还提供了高达 4 MB 的装载存储器和 10 KB 的掉电保持存储器。

可以选用 SIMATIC 存储卡扩展存储器容量和更新控制器系统的固件。该卡还可以用来存储各种文件或方便地将程序传输至多个 CPU。

S7-1200 CPU 模块结构如图 1.1-4 所示。

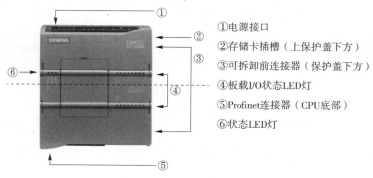

①电源接口
②存储卡插槽（上保护盖下方）
③可拆卸前连接器（保护盖下方）
④板载I/O状态LED灯
⑤Profinet连接器（CPU底部）
⑥状态LED灯

图 1.1-4　S7-1200 CPU 模块结构

CPU 模块提供状态 LED 灯，状态灯的含义如表 1.1-1 所示。

表 1.1-1 CPU 模块的状态 LED 灯标志含义

灯标志	灯状态
STOP/RUN	黄色常亮指示 STOP 模式； 纯绿色指示 RUN 模式； 闪烁（绿色和黄色交替）指示 CPU 处于 STARTUP 模式
ERROR	红色闪烁即表示出错，如 CPU 内部出错、存储卡出错或组态出错（不匹配模块）； 红色指示硬件出现故障； 如果固件中检测到故障，则所有 LED 闪烁
MAINT	（维护）在每次插入存储卡时闪烁

板载 I/O 模块的状态 LED 灯显示数字输入信号状态及数字输出信号状态。

2. 信号板

信号板（SB）安装在 CPU 的前端，如图 1.1-5 所示。每个 S7-1200 CPU 可以安装一块信号板，而不会改变其外形和体积。通过安装信号板可以向 CPU 添加数字量或模拟量输入输出通道。

3. 信号模块

信号模块（SM）可以为 CPU 增加数字量、模拟量输入输出点，扩展能力强的 CPU 最多可以扩展 8 个信号模块。信号模块安装在 CPU 模块右侧，信号模块的结构及与 CPU 的连接方式如图 1.1-6 所示。

图 1.1-5 安装信号板

4. 通信模块

通信模块（CM）和通信处理器（CP）将增加 CPU 的通信选项，通信模块如图 1.1-7 所示。SIMATIC S7-1200 CPU 最多可以添加 3 个通信模块，支持 Profibus 主从站通信、Modbus RTU 通信、AS-i 通信、USS 通信、点对点高速串行通信等多种通信方式的扩展。

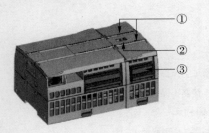

① 状态 LED 灯
② 总线连接器滑动接头
③ 可拆卸用户接线连接

①状态 LED灯
②通信连接器

图 1.1-6 信号模块   图 1.1-7 通信模块

CM 模块或 CP 模块连接在 CPU 的左侧（或连接到另一 CM 或 CP 的左侧），其状态 LED 灯将表达其通信状态。

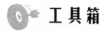 **工具箱**

技能点 1：S7-1200 CPU 的选用

S7-1200 现有 5 种型号的 CPU（表 1.1-2）。不同的 CPU 型号提供了不同的特征和功能，用户可以针对不同的应用环境选择 CPU。

表 1.1-2　S7-1200 CPU 技术规范

特征		CPU 1211C	CPU 1212C	CPU 1214C	CPU 1215C	CPU 1217C
物理尺寸/（mm×mm×mm）		90×100×75		110×100×75	130×100×75	150×100×75
用户存储器	工作/KB	50	75	100	125	150
	负载/MB	1	2	4		
	保持性/KB	10				
本地板载 I/O	数字量	6 个输入/ 4 个输出	8 个输入/ 6 个输出	14 个输入/ 10 个输出		
	模拟量	2 路输入			2 点输入/2 点输出	
过程映像大小	输入（I）/KB	1				

可以通过查询产品手册获得各种型号 CPU 常用技术规范。本书以 CPU 1214 C 为例，介绍西门子 S7-1200 PLC。

PLC 选型主要考虑以下几点。

（1）I/O 点数。

根据已经确定的 I/O 设备，统计所需要的 I/O 信号的点数，并预留 10% ~ 15% 的余量。

（2）网络通信模式。

根据信号传输方式所需要的网络接口形式，选择支持现场总线网络、工业以太网络或点到点通信的 CPU。如果网络有路由要求，则要选择支持路由功能的 CPU。

（3）特殊功能需求。

如果现场有高速计数或高速脉冲输出要求，可选择集成了该功能的 CPU。

技能点 2：CPU 1214C 的电源配置

CPU 1214C 具有 3 种不同的电源配置，见表 1.1-3。

表 1.1-3　CPU 1214C 电源配置规范

型号	电源电压	DI 输入回路电压	DO 输出回路电压
CPU 1214C AC/DC/RLY	AC 85 ~ 264 V	DC 24 V	DC 5 ~ 30 V 或 AC 5 ~ 250 V

型号	电源电压	DI 输入回路电压	DO 输出回路电压
CPU 1214C DC/DC/RLY	DC 24 V	DC 24 V	DC 5~30 V 或 AC 5~250 V
CPU 1214C DC/DC/DC	DC 24 V	DC 24 V	DC 24 V

继电器输出型 RLY：带载灵活，负载电源是交流 220 V 还是直流 24 V 取决于负载。

晶体管输出型 DC：反应速度快，使用寿命长。负载电源为直流 24 V。

CPU 1214C 的电源配置也是选择 CPU 型号的依据，如驱动交流负载需要 RLY 输出型 CPU，若需要输出高速脉冲，则只能选用晶体管输出型 CPU。

技能点 3：硬件接线

1. CPU 1214C AC/DC/RLY（6ES7214-1BG40-0XB0）外部接线

CPU 1214C AC/DC/RLY（6ES7214-1BG40-0XB0）外部接线如图 1.1-8 所示。

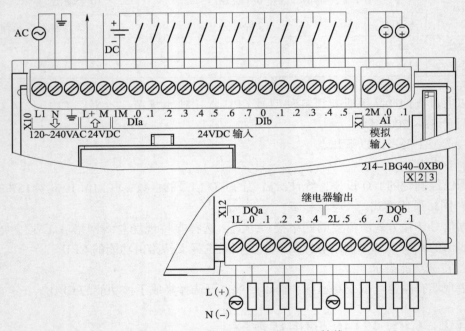

图 1.1-8　CPU 1214C AC/DC/RLY 接线

注意事项如下：

①L1 或 N 端子连接到最高 240 V AC 的电压源。

②24 V DC 传感器电源输出要获得更好的抗噪声效果，即使未使用传感器电源，也要将 "M" 连接到机壳接地。

③对于漏型输入，将 "-" 连接到 "M"；对于源型输入，将 "+" 连接到 "M"。

④当 CPU 既有交流负载又有直流负载时，需要对负载进行分组处理，交流负载组使用 AC 220 V 电源，直流负载组使用 DC 24 V 电源。

2. CPU 1214C DC/DC/DC 外部接线

CPU 1214C DC/DC/DC 外部接线如图 1.1-9 所示。

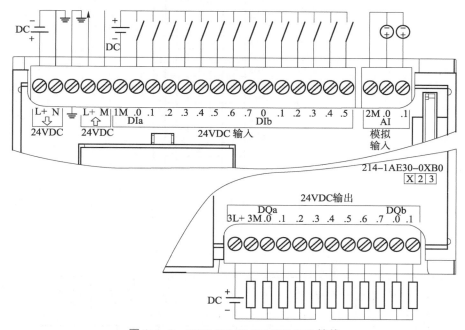

图 1.1-9　CPU 1214C DC/DC/DC 接线

注意事项如下：
①为传感器 DC 24V 电源。
②对于漏型输入，将"-"连接到"M"；对于源型输入，将"+"连接到"M"。

技能点 4：CPU 数字量输入输出地址

地址是程序运行过程中数据的存储位置标志，指明把数据存到哪里或去哪里找到数据。根据数据的长度不同，地址的长度也不一样。

数字量输入输出是开关数据，以位地址的方式表达。

西门子的位地址表示方式为：区域标识+字节号.位号。区域标识表示该地址对应的操作数所在的存储区。数字量输入元件的信号进入 PLC 后存储在 I 区，所有数字量输出负载都只能从 Q 区获得输出信号。其中 I3.4 表示数据地址为 I 存储区 3 号字节的 4 号位（阴影位置），如图 1.1-10 所示。

图 1.1-11 中箭头所指的开关型传感器信号的地址为 I0.0，箭头所指的负载信号 PLC 地址为 Q0.5（此处先假设硬件组态时 PLC 内部配置 I/O 起始地址均为 0，则 DIa 对应输入地址为字节 0，DIa 组输入信号地址为 I0.X，DIb 组输入信号地址为 I1.X；输出相同）。

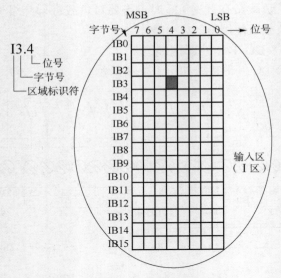

图 1.1-10　位地址表示方式

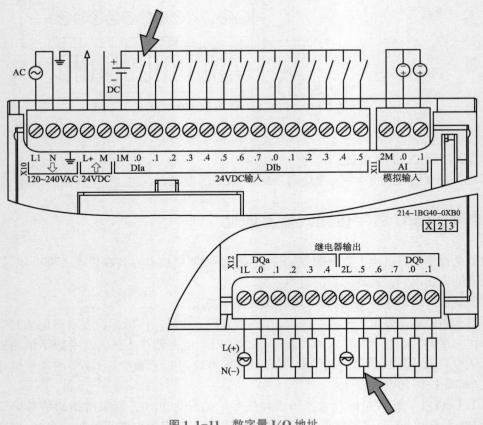

图 1.1-11　数字量 I/O 地址

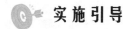

实 施 引 导

1. 任务分析

（1）运料小车由交流异步电动机驱动沿着轨道自动往返。

交流异步电动机通过正/反转可以拖动小车实现两个方向的运动。电动机主接线如图 1.1-12 所示。

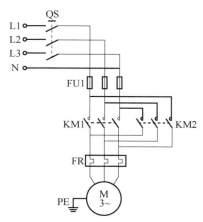

图 1.1-12 交流异步电动机正/反转主线路图

电动机主接线图中，交流接触器 KM1 与接触器 KM2 实现电动机的正/反转。接触器 KM1 与接触器 KM2 的线圈由两个 PLC 的数字量输出点控制。

（2）按下启动按钮启动小车运行，按下停止按钮小车立刻停车。

对于 PLC 控制系统而言，按钮发出操作命令，控制小车运行，按钮是数字量输入信号，需要分配两个 PLC 数字量输入点。

（3）运行期间运行指示灯点亮。

运行指示灯受控于 PLC，分配一个 PLC 的数字量输出点。PLC 控制系统中的指示灯一般选用 DC 24 V 电源。

I/O 分配时要注意，3 个输出负载中一个为直流负载，两个为交流负载。

（4）一般工业现场运动的部件是需要加限位保护的，既可以保护设备正常运行和操作人员的人身安全，同时也为小车的自动往返提供换向信号。

综上所述，运料小车 PLC 控制系统共有 4 个数字量输入信号，3 个数字量输出信号，属于小型控制系统，任何一种型号的 PLC 均可以完成控制要求。

本任务选择 S7-1200 CPU 1214C DC/DC/RLY。

2. I/O 分配表

I/O 分配表以列表的形式表达输入输出元件及 PLC I/O 地址的对应关系，见表 1.1-4。现阶段可以使用 Excel 表格制作。后续学习 Protal 软件后可以直接在 PLC 变量表中分配 I/O 地址。

表 1.1-4　运料小车 I/O 分配表

元件	地址
启动按钮	I0.0
停止按钮	I0.1
左行限位	I1.0
右行限位	I1.1
左行接触器 KM1	Q0.0
右行接触器 KM2	Q0.1
运行指示灯	Q0.6

3. 绘制 PLC I/O 硬件接线图

硬件接线图是连接外部接线的依据。绘制 PLC 硬件接线图时，输入输出接点应与 I/O 分配表一致，注意匹配正确的 PLC 工作电源、输入端电源、输出端电源。运料小车 PLC 硬件接线如图 1.1-13 所示。

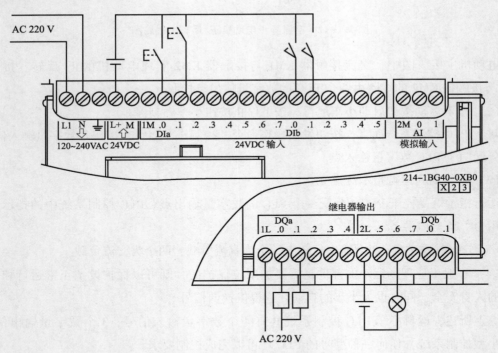

图 1.1-13　运料小车 PLC 硬件接线

4. 硬件接线

按照 I/O 分配、I/O 硬件接线图连接 PLC 与外部元件，完成 PLC 电源及输入输出接线。

通过操作按钮或开关接通输入回路，若接线正确，可以看到 CPU 面板对应的输入指示灯点亮。

任务实施记录单

任务名称	运料小车控制系统硬件接线		完成时长	
组别			组长	
组员姓名				
材料清单	元件：S7-1200 CPU 1214C DC/DC/RLY、24 V 稳压源、按钮、交流异步电动机、交流接触器、指示灯、限位开关等； 工具：一字改锥、十字改锥、万用表、剥线钳、压线钳； 耗材：导线、线针		费用预算	
任务要求	完成运料小车运行控制的硬件接线。 　要求：由交流异步电动机驱动实现运料小车的运行。要求运料小车在按下控制柜面板启动按钮后，可以沿着轨道自动往返运行，按下停止按钮后小车立刻停车。运行期间运行指示灯点亮			
资讯与参考				
决策与方案				
实施步骤与过程记录				

任务名称	运料小车控制系统硬件接线		完成时长		
检查与评价	自我检查记录				
	结果记录				
文档清单	列写本任务完成过程中涉及的所有文档，并提供纸质或电子文档。				
	序号	文档名称	电子文档存储路径	完成时间	负责人
	1				
	2				

考核评价单

任务名称	运料小车控制系统硬件接线	验收结论	
验收负责人		验收时间	
验收成员			
材料清单	S7-1200 CPU 1214C DC/DC/RLY、24 V 稳压源、按钮、交流异步电动机、交流接触器、指示灯、限位开关等	费用核算	
任务要求	由交流异步电动机驱动实现运料小车的运行。要求运料小车在控制柜面板启动按钮按下后，可以沿着轨道自动往返运行，停止按钮按下后小车立刻停车。运行期间运行指示灯点亮。 本任务只涉及实现运料小车运行控制的 PLC 硬件接线		
方案确认			
实施过程确认			

验收要点	项目列表	验收要点	配分	得分
	基本素养	纪律（无迟到、早退、旷课）	10	
		安全规范操作，符合 5S 管理	10	
		团队协作能力、沟通能力	10	
	工程技能	元件选择正确	10	
		所有电源匹配	10	
		元件安装位置合理，安装稳固	10	
		符合接线工艺，走线平直	10	
		I/O 分配合理，完整	10	
		输入信号测试正确	10	
		撰写成本核算清单，并且依据充分、合理	10	
	总评得分			

任务名称	运料小车控制系统硬件接线	验收结论	
效果评价	1. 目标完成情况 2. 知识技能增值点 3. 存在问题及改进方向		
文档接收清单	列写本任务完成过程中涉及的所有文档，并提供纸质或电子文档。		

列写本任务完成过程中涉及的所有文档，并提供纸质或电子文档。

序号	文档名称	接收人	接收时间
1			
2			

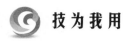 **技 为 我 用**

运料小车控制系统长期运行过程中 S7-1200 CPU 1214C AC/DC/RLY 模块损坏,为了不影响生产,只能将备料库里的 CPU 1214C DC/DC/DC 型的 PLC 替代换上。请给出合理的解决方案,并绘制接线图。

(提示:晶体管输出型 PLC 无法驱动交流负载,可以考虑使用直流继电器转换电压后驱动交流电动机)

进 阶 测 试

一、填空题

1. PLC 的工作特点是 (   )。

2. PLC 点数是衡量 PLC 性能的一个重要参数,PLC 的 I/O 点数是指 (   )。

3. PLC 有 3 种常用的编程方式,分别是 (   )、语句表、功能图表。

4. PLC 中的程序分为系统程序与 (   )。

5. CPU 周而复始地按固定顺序对系统内部的各种任务进行查询、判断和执行的过程称为 (   )。每一次循环所用的时间称为 (   )。

二、单选题

1. S7-1200 CPU 1214C DC/DC/RLY 型的 PLC,试为其选择匹配的工作电源 (   )。

A. 直流 24 V   B. 交流 380 V

C. 交流 220 V   D. 直流 12 V

2. S7-1200 CPU 1214C DC/DC/RLY 型的 PLC,当驱动的负载既有直流负载又有交流负载时,应对负载进行分组处理。下面能够与直流 24 V 指示灯分在一组的是 (   )。

A. 白炽灯泡   B. 交流接触器

C. 交流电动机   D. 直流 24 V 继电器

3. AC/DC/RLY CPU 需要的输出端电源是 (   )。

A. 直流 24 V   B. 交流 380 V

C. 交流 220 V   D. 交、直流均可

4. 按规模,PLC 一般可分为大、中、小 3 种型号,这是根据 PLC (   ) 这一个参数确定的。

A. 外形大小   B. I/O 总点数

C. 运行能力   D. 重量

5. 数字量输入输出是开关数据,以 (   ) 地址的方式表示。

A. 位   B. 字节

C. 字   D. 双字

6. 信号模块安装在 CPU 模块的（   ）。

  A. 左侧   B. 右侧   C. 没有要求

7. S7-1200 信号模块可以为 CPU 增加数字量、模拟量输入输出点，扩展能力强的 CPU 最多可以扩展（   ）信号模块。

  A. 6 个   B. 8 个   C. 10 个   D. 15 个

三、多选题

S7-1200 CPU 面板 "ERROR" 灯红色闪烁即表示出错，可能的错误包括（   ）。

  A. CPU 内部出错   B. 存储卡出错

  C. 组态出错（不匹配模块）   D. 程序错误

四、判断题

1. CPU 1214C 的 DC 24 V 传感器电源可以为输入电路提供电源。（   ）

2. 继电器输出型 PLC 只能接相同电源要求的负载，即都是直流负载或者都是交流负载。（   ）

任务 1.2　运料小车运行 PLC 项目管理

PLC 的简介

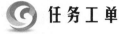 **任务工单**

任务名称	运料小车运行 PLC 项目管理	预计时间	50 min
材料清单	元件：计算机+Protal V16、网线及组件、S7-1200 CPU； 工具：网线钳； 耗材：网线、连接器	实施场地	PLC 控制柜、动力电源（教学过程中可改在具备条件的实训室）
任务描述	应用 Protal 软件建立名为"运料小车运行控制系统"的工程项目，保存在"D:\运料小车控制"文件夹下，正确进行项目规划与管理。能够正确下载项目，分析 CPU 故障		
素质目标	（1）通过实际任务的实施培养学生学以致用的务实精神； （2）通过软件安装任务操作培养学生发现问题、解决问题的探索精神； （3）通过小组合作培养学生团结协作的职业素养		
知识目标	（1）熟悉 Protal 软件操作界面； （2）掌握硬件组态方法及 CPU 模块参数设置方法； （3）掌握 PLC 不同的通信方法； （4）掌握 CPU 在线诊断及帮助使用方法，识读诊断信息； （5）掌握程序上传、下载方法并进行相关问题处理		
能力目标	（1）能够建立新项目，进行工程项目管理； （2）掌握硬件组态技能，合理设置必要的 CPU 模块参数； （3）能够进行网络配置，实现 PLC 与计算机的通信； （4）熟练使用 Protal 软件帮助功能； （5）能进行用户程序下载与上传		
资讯	S7-1200 用户手册 自动化网站 Protal 软件帮助手册		

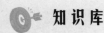 **知 识 库**

知识点 1：Portal 软件的简介

　　Portal（博途）是全集成自动化软件 TIA Portal 的简称，是西门子工业自动化集团发布的一款全新的全集成自动化软件。它是业内首个采用统一的工程组态和软件项目环境的自动化软件，几乎适用于所有自动化任务，借助该工程技术软件平台，用户能够快速、直观地开发和调试自动化系统。

　　SIMATIC STEP 7 是基于 TIA 博途平台的全新工程组态软件，支持 SIMATIC S7-1500、SIMATIC S7-1200、SIMATIC S7-300 和 SIMATIC S7-400 控制器，同时也支持基于 PC 的 SIMATIC WinAC 自动化系统。SIMATIC STEP 7 具有可灵活扩展的软件工程组态能力和性能，能够满足自动化系统的各种要求。这种可扩展性的优点表现为可将 SIMATIC 控制器和人机界面设备的已有组态传输到新的软件项目中，使得软件移植任务所需的时间和成本显著减少。

知识点 2：TIA Portal V16 软件安装要求

　　TIA Portal V16 软件安装要求如下。

　　（1）TIA Portal V16 要求计算机操作系统为非家用版的 32 位或 64 位 Microsoft Windows SP1 以上版本。

　　（2）安装博途 V16 的计算机硬件系统必须满足以下需求。

　　①处理器：CoreTM i5-3320M 处理器主频 3.3 GHz 或者更高。

　　②内存：至少 8 GB。

　　③硬盘：300 GB SSD 固态硬盘；

　　④图形分辨率：1 920 像素×1 080 像素。

　　⑤显示器：15.6 英寸①宽屏全高清显示器，分辨率为 1 920 像素×1 080 像素。

　　博途的每个软件都可以单独运行，需要哪个安装哪个。建议安装顺序为：STEP 7 Professional、S7-PLCSIM、WinCC Professional、Startdrive、STEP 7 Safety Advanced。

　　任何一款博途平台上的软件运行时都要求具有许可证密钥，需要提前安装授权管理器。

知识点 3：TIA Portal 编程软件界面

　　西门子的 TIA Portal 软件在自动化项目中可以使用两种不同的视图，即 Portal 视图或者项目视图，Portal 视图是面向任务的视图，而项目视图是项目各组件的视图。

　　1. Portal 视图

　　Portal 视图可以快速确定要执行的操作或任务。当双击 TIA Portal 图标后，可以打开

---

　　①　1 英寸＝2.54 厘米。

Portal 视图，界面中包括图 1.2-1 所示区域。

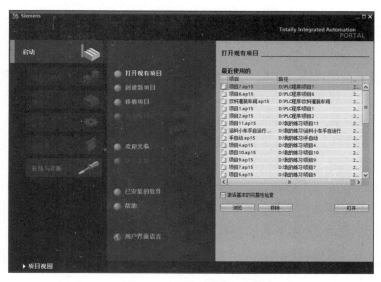

图 1.2-1　Portal 视图组件

在任务选项中选择不同操作，操作区将显示不同内容，对应的操作选择区也将显示不同的选项。可以通过左下方的"视图切换"按钮在 Portal 视图与项目视图间切换。

2. 项目视图

项目视图是项目所有组件的结构化视图，界面中主要包括图 1.2-2 所示区域。

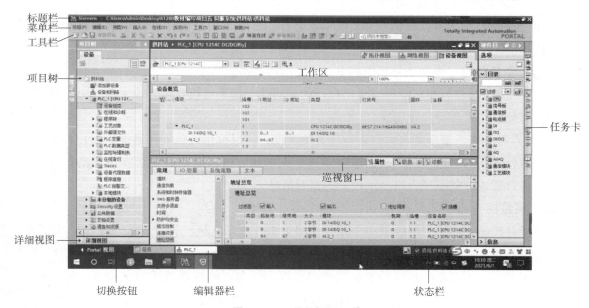

图 1.2-2　项目视图组件

（1）标题栏。该栏显示项目名称、存储路径，可以在此对项目进行操作。

（2）菜单栏。包含工作所需的全部命令。

（3）工具栏。工具栏提供了常用命令的按钮，如上传、下载等功能。通过工具栏图标可以更快地操作命令。

（4）项目树。在项目树中可以添加新组件、访问所有组件和项目数据、修改现有组件的属性。

（5）工作区。工作区内显示打开的对象。在工作区中可以打开若干个对象，但通常每次在工作区中只能看到其中一个对象。在编辑器栏中，所有其他对象均显示为选项卡。如果在执行某些任务时要同时查看两个对象，如两个窗口间对象的复制，则可以水平方式或者垂直方式平铺工作区，也可以单击需要同时查看的工作区窗口右上方的浮动按钮。如果没有打开任何对象，则工作区是空的。

（6）任务卡。在屏幕右侧的条形栏中可以找到可用的任务卡。可以随时折叠和重新打开这些任务卡。哪些任务卡可用取决于所安装的软件产品。比较复杂的任务卡会划分为多个窗格，这些窗格也可以折叠和重新打开。

（7）详细视图。详细视图中将显示总览窗口或项目树中所选对象的特定内容，其中可以包含文本列表或变量。

（8）巡视窗口。巡视窗口具有 3 个选项卡，即属性、信息和诊断。

① "属性"选项卡：显示所选对象的属性，可以查看对象属性或者更改可编辑的对象属性。如修改 CPU 的硬件参数、更改变量类型等操作。

② "信息"选项卡：显示所选对象的附加信息，如交叉引用、语法信息等内容以及执行操作（如编译）时发出的报警。

③ "诊断"选项卡：提供有关系统诊断事件、已组态消息事件、CPU 状态以及连接诊断的信息。

（9）切换按钮。可在项目视图和 Portal 视图间切换。

（10）编辑器栏。编辑器栏显示已打开的编辑器。如果已打开多个编辑器，可以在编辑器栏对打开的对象进行快速切换。

（11）状态栏。显示正在后台运行任务的进度，将鼠标指针放置在进度条上，将显示正在后台运行任务的其他信息。单击进度条边上的按钮，可以取消后台正在运行的任务。如果没有后台任务，状态栏可以显示最新的错误信息。

3. 项目树介绍

在项目视图左侧项目树界面中主要包括图 1.2-3 所示区域。

①标题栏。项目树的标题栏有两个按钮，可以实现自动和手动折叠项目树。

②工具栏。可以在项目树的工具栏中执行以下任务：创建新的用户文件夹、针对链接对象进行向前或者向后浏览、在工作区中显示所选对象的总览。

③项目。在项目文件夹中，将找到与项目相关的所有对象和操作，如设备、公共数据、语言和资源、在线访问、读卡器等。

④设备。项目中的每个设备都有一个单独的文件夹，该设备的对象在此文件夹中，如

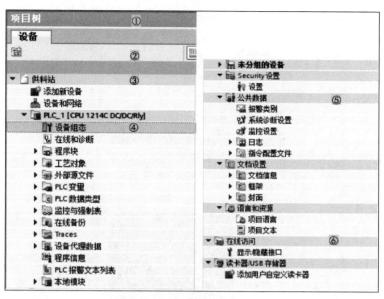

图 1.2-3 项目树界面介绍

程序、硬件组态和变量等信息。

⑤公共数据。此文件夹包含可跨多个设备使用的数据，如公用消息、脚本和文本列表。

⑥在线访问。该文件夹包含了 PG/PC 的所有接口，包括未使用的接口。

工具箱

技能点 1：安装 TIA Portal V16 软件

安装 TIA Portal 软件前，先关闭杀毒软件及 360 卫士。

（1）首先从正规渠道下载博途软件安装包。

（2）打开 V16 文件夹，如图 1.2-4 所示，单击选定框中可执行文件解压和安装。

名称	修改日期	类型	大小
TIA_Portal_STEP7_Prof_Safety_WINCC_Prof_V16.001	2022/9/11 16:35	001 压缩文件	2,097,152...
TIA_Portal_STEP7_Prof_Safety_WINCC_Prof_V16.002	2022/9/11 16:34	002 文件	2,097,152...
TIA_Portal_STEP7_Prof_Safety_WINCC_Prof_V16.003	2022/9/11 16:31	003 文件	1,697,046...
TIA_Portal_STEP7_Prof_Safety_WINCC_Prof_V16.exe	2024/1/4 13:41	应用程序	3,608 KB

图 1.2-4 TIA Portal V16 安装软件

（3）安装密钥。西门子的软件需要安装密钥；否则无法正常运行。

（4）安装完成后重启计算机。

技能点 2：西门子 PLC 项目的管理

完成 TIA Portal 软件安装后，可以按照表 1.2-1 的顺序进行项目的创建与管理。本项目默认网络链接为工业以太网。PLC 的 IP 地址为 192.168.0.1。

表 1.2-1　建立新项目操作流程

步序	操作	说明
1	双击桌面 TIA Portal 软件图标	打开编程软件
2	单击"创建新项目"，输入项目名称，选择存储路径，然后单击"创建"按钮。	
3	单击"设备与网络"，打开添加新设备视图。	
4	单击"添加新设备"，在右侧选择需要添加的设备，双击设备名称添加（选择的设备应该与现场设备一致。选择后注意观察最右侧的订货号与版本）。	

续表

步序	操作	说明
5	添加设备后，出现右侧视图。可以单击框中的三角按钮，打开或关闭"设备概览"，"设备概览"中有该设备的详细信息。	
6	双击 CPU 模块图标，打开巡视窗口中"属性"选项卡下的"常规"子选项卡进行网络配置：单击"以太网地址"中的"添加新子网"按钮，默认添加一个网络。在"IP 协议"下的"IP 地址"中配置合适的 IP 地址。	
7	设置完毕后保存项目。项目保存后，依然可以修改后再保存。	
8	"打开项目"操作：可以用多种方式打开一个已经保存的项目，如右图。可以单击"浏览"按钮选择存储在其他路径下的文件。	

续表

步序	操作	说明
9	"归档项目"操作："归档项目"是对西门子项目的压缩。需要使用"恢复（R）…"命令再次打开归档项目	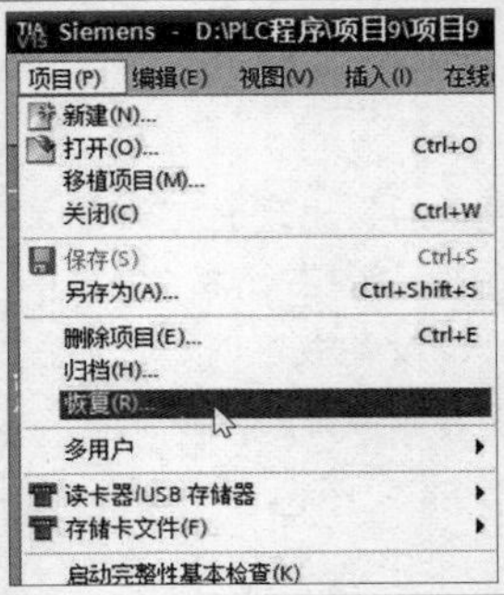

技能点 3：西门子 PLC 项目的下载与上传

将 TIA Portal STEP 7 软件编辑好的西门子 PLC 项目传送到物理 PLC 中的过程，称为项目下载；反之，可以通过项目上传将物理 PLC 中保存的项目传送到计算机中。

TIA Portal STEP 7 软件支持不同部分的单独下载，如硬件组态下载、程序下载或站点下载，执行过程相同。项目下载与上传步骤如表 1.2-2 所示。

表 1.2-2　西门子 PLC 项目的下载与上传

步序	操作	说明
		下载前提：网线插好
1	确定要下载的内容。	硬件组态下载：进入硬件组态界面，单击 CPU； 程序下载：打开程序块； 站点下载：在项目树选择站点。
2	单击"下载"按钮，或通过快捷菜单，选择"下载"命令，打开下载界面。	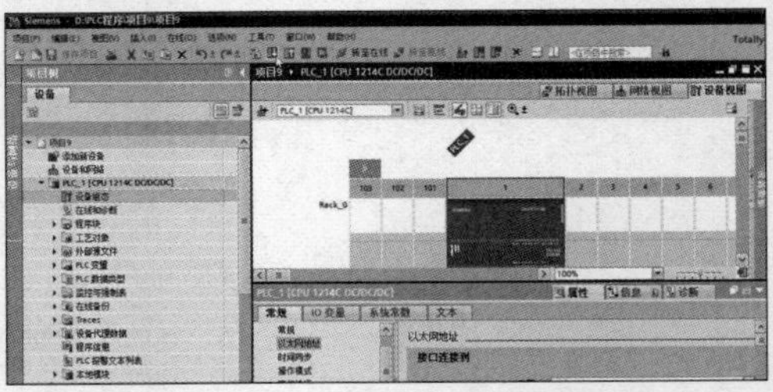
3	①根据实际情况配置网络接口类型、选择 PG/PC 接口及网关； ②选择搜索条件； ③单击"开始搜索"按钮。	

续表

步序	操作	说明
4	①列表显示搜索到的所有满足条件的设备； ②先在①的列表中选择某个设备，然后勾选"闪烁LED"复选框，对应的物理设备上会闪灯，从而确定目标设备与实际设备的对应关系； ③选择要下载到的设备，开始执行下载。	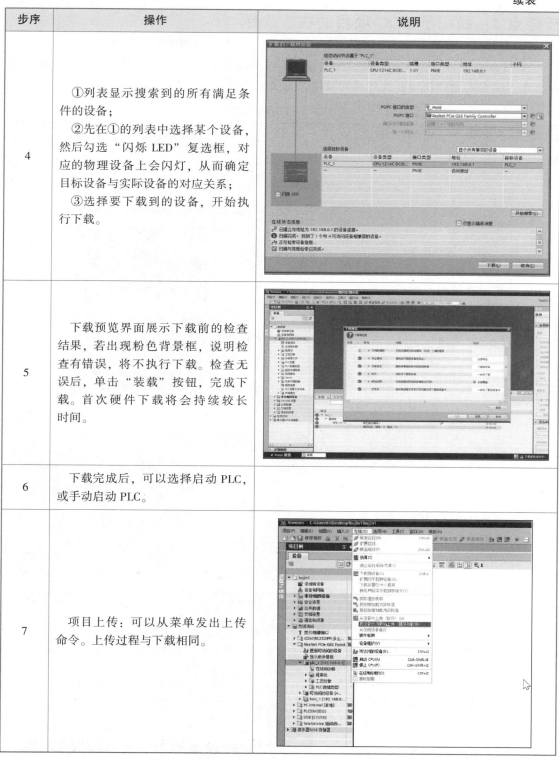
5	下载预览界面展示下载前的检查结果，若出现粉色背景框，说明检查有错误，将不执行下载。检查无误后，单击"装载"按钮，完成下载。首次硬件下载将会持续较长时间。	
6	下载完成后，可以选择启动PLC，或手动启动PLC。	
7	项目上传：可以从菜单发出上传命令。上传过程与下载相同。	

技能点 4：西门子 PLC 项目的在线诊断

TIA Portal 软件有强大的在线诊断功能，通过在线诊断可以获得大量硬件故障与编程错误信息，以帮助用户快速查找和排除故障，见表 1.2-3。

表 1.2-3　在线诊断操作

步序	操作	说明
	前提	（以 PROFINET IO 为例）以太网络已连接并设置好网络连接参数
1	启用"在线诊断"。 单击站点下方的"在线和诊断"按钮或者单击"在线访问"→"更新可访问节点"→找到对应的设备，然后单击"在线和诊断"命令。 启用"在线诊断"后，显示项目在线信息。	
2	若需要，则配置合适的接口信息，单击"转到在线"按钮。	
3	打开在线诊断页面。从项目树中可以看到诊断的结果：标有绿色图标为正确，标有红色图标代表出现错误。诊断的详细信息可以在右方输出窗口查询。	

续表

步序	操作	说明
4	"诊断状态"描述故障诊断的结果，若报错，可查看"诊断缓冲区"。	
5	诊断缓冲区给出了 CPU 中发生的事件列表，选中某行"事件"，在下方的"事件详细信息"区域将显示该事件的详细信息。	

实施引导

按照技能点 3、技能点 4 的指引完成项目要求。

任 务 实 施 记 录 单

任务名称	运料小车运行 PLC 项目管理	完成时长	
组别		组长	
组员姓名			
材料清单	元件：计算机+Portal V16、网线及组件、S7-1200 CPU； 　　工具：网线钳； 　　耗材：网线、连接器	费用预算	
任务要求	建立名为"运料小车运行控制系统"的工程项目，保存在"D:\运料小车控制"文件夹下，正确进行项目规划与管理。能够正确下载项目，分析 CPU 故障		
资讯与参考			
决策与方案			
实施步骤与 过程记录			

续表

任务名称	运料小车运行 PLC 项目管理		完成时长	
检查与评价	自我检查记录			
	结果记录			
文档清单	列写本任务完成过程中涉及的所有文档，并提供纸质或电子文档。			
	序号	文档名称	电子文档存储路径	完成时间	负责人
	1				
	2				

考核评价单

任务名称	运料小车运行 PLC 项目管理	验收结论	
验收负责人		验收时间	
验收成员			
材料清单	元件：计算机+Protal V16、网线及组件、S7-1200 CPU； 工具：网线钳； 耗材：网线、连接器	费用核算	
任务要求	建立名为"运料小车运行控制系统"的工程项目，保存在"D:\运料小车控制"文件夹下，正确进行项目规划与管理。能够正确下载项目，分析 CPU 故障		
方案确认			
实施过程确认			

验收要点	评价列表	验收要点	配分	得分
	素养评价	纪律（无迟到、早退、旷课）	10	
		安全规范操作，符合 5S 管理	10	
		团队协作能力、沟通能力	10	
	工程技能	能正确建立新项目，并保存于要求的路径下	10	
		能正确进行硬件设备的添加，并按现场情况进行网络设置	10	
		正确下载项目	10	
		会合理利用软件的帮助系统获取信息	10	
		会归档项目，能打开归档项目	10	
		能够正确地上传项目	10	
		能够使用在线诊断工具解决 CPU 故障	10	
		总评得分		

续表

任务名称	运料小车运行 PLC 项目管理	验收结论	
效果评价	1. 目标完成情况 2. 知识技能增值点 3. 存在问题及改进方向		

文档接收清单	列写本任务完成过程中涉及的所有文档，并提供纸质或电子文档。		

序号	文档名称	接收人	接收时间
1			
2			

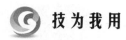 技 为 我 用

　　建立名为"运料小车运行控制系统"的工程项目，保存在"D:\运料小车控制"文件夹下，正确进行项目规划与管理。尝试下载项目，分析并排除 CPU 故障。

技 进 阶 测 试

　　一、填空题

　　1. 西门子 TIA Portal 软件在自动化项目中可以使用（　　）和（　　）两种不同的视图，可以使用操作区下方的切换按钮在两种视图间进行切换。

　　2. 项目视图的巡视窗口具有 3 个选项卡：（　　）、信息和诊断。

　　3. 双击 CPU 模块图标，打开巡视窗口，在"属性"选项卡下的"常规"子选项卡中进行网络配置：单击"以太网地址"→"（　　）"，默认添加一个网络。

　　4. TIA Portal STEP 7 软件支持不同部分的单独下载，如（　　）、程序下载或站点下载，执行过程相同。

　　5. 下载预览界面展示下载前的检查结果，若出现（　　）色背景框，说明检查有错误，修正错误后才能再次启动下载。

　　6. 打开在线诊断，从项目树中可以看到诊断的结果：标有（　　）图标为正确，标有红色图标代表出现错误。

　　二、单选题

　　1. 同一段工业以太网中的两台 PLC，其中一台 PLC 的 IP 地址为 192.168.0.1，另一台 PLC 的 IP 地址正确的是（　　）。

　　A. 190.168.0.1　　　　　　　　　　B. 192.168.0.1

　　C. 192.146.0.3　　　　　　　　　　D. 192.168.0.3

　　2. 将 TIA Portal STEP 7 软件编辑好的西门子 PLC 项目传送到物理 PLC 中的过程，称为项目的（　　）。

　　A. 上传　　　　　B. 保存　　　　　C. 编译　　　　　D. 下载

　　三、判断题

　　1. Portal 平台上的软件运行时需要提前安装授权管理器，但不一定都要求许可证密钥。（　　）

　　2. 单击"添加新设备"→"硬件组态"时，应选择与现场设备一致，订货号与版本相同的固件进行添加。（　　）

任务 1.3　运料小车启停控制

PLC 的工作原理

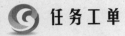 任务工单

任务名称	运料小车启停控制	预计时间	60 min
材料清单	元件：计算机+Protal V16、网线、S7-1200 CPU、24 V 稳压源、按钮、交流异步电动机、交流接触器、指示灯、限位开关等； 工具：一字改锥、十字改锥、万用表、剥线钳、压线钳； 耗材：导线、线针	实施场地	PLC 控制柜、计算机、运料小车工艺对象（教学过程中可改在具备条件的实训室，运料小车动作可由交流异步电动机模拟）
任务描述	由交流异步电动机驱动实现运料小车的运行。要求运料小车在控制柜面板启动按钮按下后，可以沿着轨道自动往返运行，停止按钮按下后小车立刻停车。运行期间运行指示灯点亮		
素质目标	（1）通过学习梯形图语言培养学生的逻辑思维； （2）通过指令学习培养学生解决实际问题的能力； （3）通过博途软件操作培养学生的知识迁移能力		
知识目标	（1）了解 S7-1200 的编程语言，熟悉梯形图语言结构； （2）掌握装载指令、输出指令、与或指令的结构与功能； （3）掌握置位/复位指令结构与功能； （4）掌握梯形图语言的分析方法，初步建立编制梯形图程序的逻辑思维		
能力目标	（1）具备使用 Protal 软件进行程序输入与调试的基本能力； （2）能进行变量表和监控表的建立和使用； （3）能进行强制表与强制功能的使用； （4）能进行启停控制程序的编写及调试		
资讯	S7-1200 用户手册 自动化网站等 博途软件帮助		

知 识 库

知识点 1：PLC 编程语言

PLC 编程语言标准是由 IEC（国际电工委员会）制定的，IEC 61131-3 PLC 的编程语言标准是迄今为止唯一的工业控制系统的编程语言标准。目前已有越来越多的生产 PLC 的厂家提供符合 IEC 61131-3 标准的产品。

IEC 61131-3 详细说明了指令表（IL）、结构文本（SCL）、梯形图（LAD）、函数块图（FBD）及顺序功能图（SFC）5 种不同类型的编程语言。

梯形图（LAD）是使用最多的 PLC 图形编程语言。梯形图与继电器电路图很相似，具有直观易懂的优点，很容易被工厂熟悉继电器控制的电气人员掌握，特别适合数字量逻辑控制。

知识点 2：梯形图（LAD）简介

梯形图由左母线、触点、线圈和用方框表示的指令框组成。

所有的程序支路都连接在左母线上，并起始于左母线，左母线上存在一个"从上到下，从左到右"的假象能流。触点分常开触点与常闭触点，常开触点或常闭触点是指在没有任何外部作用下的自然状态。触点代表逻辑输入条件，如外部的开关、按钮和内部条件等。线圈通常代表逻辑运算的结果，用来控制外部的负载或内部的辅助位等。线圈状态由假象能流到达与否来决定，能流到达线圈称为 1（TRUE）态。

线圈与触点的关系与继电器相同，线圈状态为 0（OFF）时，常开触点是断开状态，常闭触点是接通状态；线圈状态为 1（ON）时，常开触点闭合，常闭触点断开。

指令框用来表示定时器、计数器或者数学运算等复杂指令。

触点和线圈等组成的电路称为程序段，英语名称为 Network（网络），TIA Portal 软件自动地为程序段编号。可以在程序段首端加上程序段的标题和程序段注释。

知识点 3：基本位指令

触点直接与母线连接，形成了装载指令，图 1.3-1 中 M10.0 常开触点直接连接在母线上，即为常开触点装载指令。

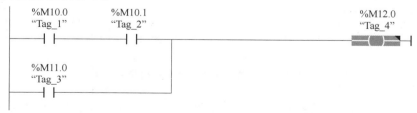

图 1.3-1　基本位指令实例

输出指令是将支路的逻辑运算结果（RLO）写入指定的地址，以线圈的方式表达。例如图 1.3-1 中支路末端的线圈 M12.0。

两个触点串联将进行"与"运算，两个触点并联将进行"或"运算。图 1.3-1 中 M10.1 常开触点与 M10.0 常开触点串联，只有两个都为 1（接通）时，左母线上的假象能流才能到达 M12.0 线圈，线圈才会有输出。M10.0 与 M10.1 串联之后与 M11.0 常开触点并联，两者有一路为 1 时，M12.0 线圈就会有输出。

图 1.3-2 是典型的"启保停"控制电路。其中启动按钮 I0.0 和 Q0.0 常开触点并联后，与停止按钮 I0.1 的常闭触点串联。按下启动按钮 I0.0，其常开触点接通，此时没有按下 I0.1，I0.1 常闭触点保持接通，Q0.0 线圈通电，同时 Q0.0 对应的常开触点接通；释放 I0.0 按钮后，"能流"经 Q0.0 常开触点和 I0.1 流到 Q0.0 线圈，Q0.0 仍然接通，这就是"自锁"或"自保持"功能。按下 I0.1 按钮，其常闭触点断开，Q0.0 线圈"断电"，其常开触点断开，此后即使放开 I0.1，Q0.0 也不会通电，这就是"停止"功能。

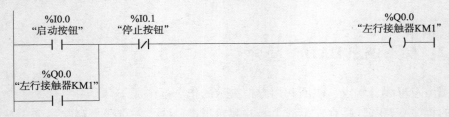

图 1.3-2　启保停电路

知识点 4：置位、复位指令

置位指令包含置位位指令（S）和置位位域指令（SET_BF）两条，是将指定的位或者位域操作数设置为 1；复位指令包含复位位指令（R）和复位位域指令（RESET_BF）两条，是将指定的位或者位域设置为 0。

置位指令与复位指令最主要的特点是有记忆和保持功能。如图 1.3-3 中 I0.0 启动按钮的常开触点闭合，Q0.0 置位为 1 状态并保持该状态，即使 I0.0 的常开触点断开，Q0.0 也仍然保持 1 状态。只有当 I0.1 停止按钮的常开触点闭合，执行了 Q0.0 的复位操作后，Q0.0 的状态才会从 1 变为 0。

图 1.3-3　置位位指令和复位位指令

置位位域指令 SET_BF 将指定地址开始的连续若干个位地址位置位为 1 状态并保持。复位位域指令 RESET_BF 将指定地址开始的连续若干个地址位复位为 0 状态并保持。如

图 1.3-4 所示，当 I0.0 启动按钮的常开触点闭合后，M20.0 开始的 10 个位即 M20.0~M20.7、M21.0~M21.1 均被设置为 1，即使 I0.0 的常开触点断开后，这 10 个位也会保持为 1。只有 I0.1 停止按钮闭合后，M20.0 开始的 10 个位才能被复位为 0。

图 1.3-4　置位域指令和复位域指令

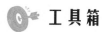 **工具箱**

技能点 1：使用变量表

1. 新建变量表

打开项目树的文件夹"PLC 变量"，单击"新建变量表"可以建立一个新的变量表。可以为变量表重新命名。

双击变量表名，打开变量编辑器。变量编辑器中"变量"选项卡用来定义 PLC 的变量。"系统常量"选项卡中是系统自动生成的与 PLC 的硬件和中断事件有关的常数值。

在"变量"选项卡的空白行的"名称"列输入变量的名称（符号地址），单击"数据类型"列右侧隐藏的小三角按钮，设置变量的数据类型。在"地址"列输入变量的绝对地址，绝对地址前"%"是自动添加的。

符号地址使程序易于阅读和理解，可以用 PLC 变量表定义和修改变量的符号地址。

如图 1.3-5 所示，"按钮 1""按钮 2""按钮 3""电灯"是变量的符号地址，4 个变量的"数据类型"均为"Bool"类型，"I0.0""I0.1""I0.2"及"Q0.0"是变量的绝对地址。

图 1.3-5　建立变量表

用鼠标右键单击图 1.3-5 中的变量"电灯"，在出现的快捷菜单中选择"插入行"命令，在该变量上面出现一个空白行，可以添加新的变量。

2. 快速生成变量

单击"电灯"最左边的单元，选中变量"电灯"所在的整行。将光标放到该行的标签列单元 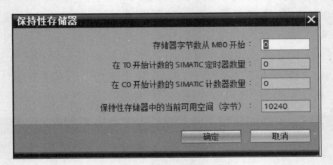 的小正方形上。光标变为深色的小十字形状。按住鼠标左键，向下移动鼠标，在空白行生成新的变量"电灯_1""电灯_2"，如图 1.3-6 所示，它继承了上一行的变量"电灯"的"数据类型"和"地址"。用上述方法可以快速生成多个相同类型的变量。

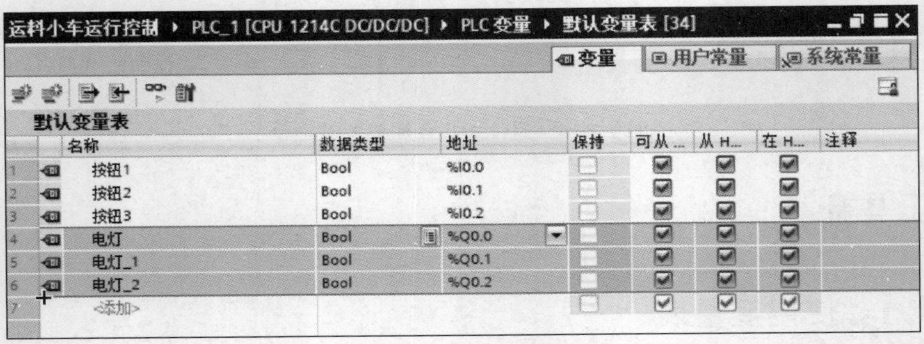

图 1.3-6　快速生成变量

3. 设置变量的保持性

单击工具栏上的 按钮，打开"保持性存储器"对话框，如图 1.3-7 所示。设置 M 区从 MB0 开始的具有保特性功能的字节数。设置后变量表中（图 1.3-6）有保持功能的 M 区的变量的"保持"列的复选框中出现"√"号。将项目下载到 CPU 后，M 区的保持功能起作用。

图 1.3-7　设置"保持性存储器"

技能点 2：使用监控表

监控表提供用户监控、修改和强制全部或部分变量。一个项目可以生成多个监控表，以满足不同的调试需求。

1. 生成监控表

打开项目树中 PLC 的"监控与强制表"文件夹，双击其中的"添加新监控表"，生成名为"监控表_1"的新监控表，并在工作区自动打开。可以将变量放在同一个监控表内，也可以根据需要为一台 PLC 生成多个监控表。

2. 在监控表中输入变量

在监控表的"名称"列输入 PLC 变量表中已经定义变量的符号地址，"地址"列将会自动出现该变量的地址。同样，在"地址"列输入 PLC 变量表中已定义变量的地址，"名称"列将会自动地出现它的名称。如果输入了错误的变量名称或地址，出错的单元背景变为浅红色，标题为"i"的标示符列出现红色的叉。如图 1.3-8 所示，启动按钮和停止按钮在变量表中已经定义过，而"按钮 12"并没有在变量表中定义过，因此出现了错误。

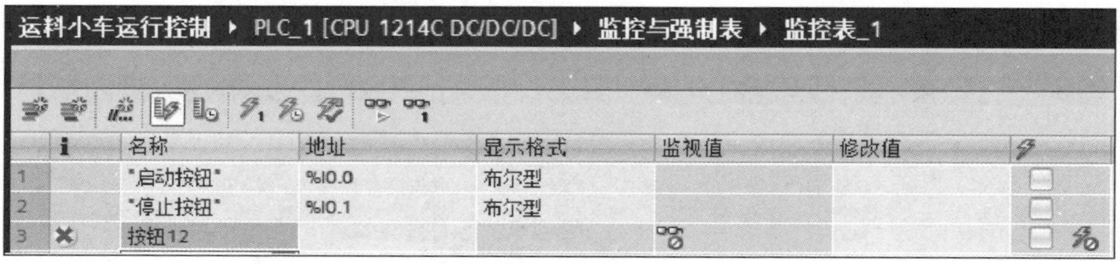

图 1.3-8　监控表

3. 监视变量

可以用监控表工具栏上的按钮来执行各种功能。当与 CPU 建立在线连接后，单击工具栏上的 █ 按钮，启动监视功能，将在"监视值"列显示变量的动态实际值。再次单击该按钮将关闭监视功能。

单击工具栏上的"立即一次性监视所有变量"按钮 █ 将立即读取一次变量值。

位变量为 TRUE（1 状态）时，"监视值"列的方形指示灯为绿色。位变量为 FALSE（0 状态）时，指示灯呈灰色。

4. 修改变量

单击监控表工具栏上的"显示/隐藏所有修改列"按钮 █ ，出现"修改值"列，在"修改值"列输入变量的新值，并勾选要修改变量的"修改值"右边的复选框，如图 1.3-9 所示。单击监控表工具栏上的"立即一次性修改所有选定值"按钮，复选框勾选的"修改值"立即被送入指定的地址。

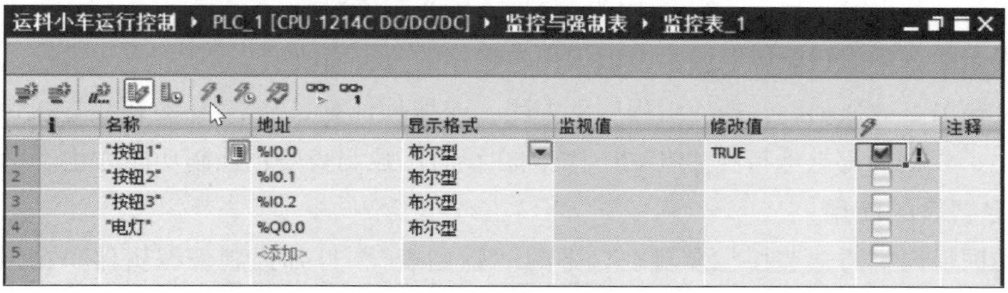

图 1.3-9　修改监控表变量

5. 定义监控表的触发器

触发器用来设置在扫描循环的哪一点来监视或修改选中的变量。可以选择在扫描循环开始、扫描循环结束或从 RUN 模式切换到 STOP 模式时监视或修改某个变量。

单击监控表工具栏上的 按钮，切换到扩展模式，出现"使用触发器监视"和"使用触发器进行修改"列，如图 1.3-10 所示。单击这两列的某个单元，再单击单元右边出现的下三角按钮，用弹出的下拉列表框中的选项设置监视和修改该行变量的触发点。

触发方式可以选择"仅一次"或"永久"（每个循环触发一次），如果设置为"仅一次"，则单击一次工具栏上的按钮，执行一次相应的操作。

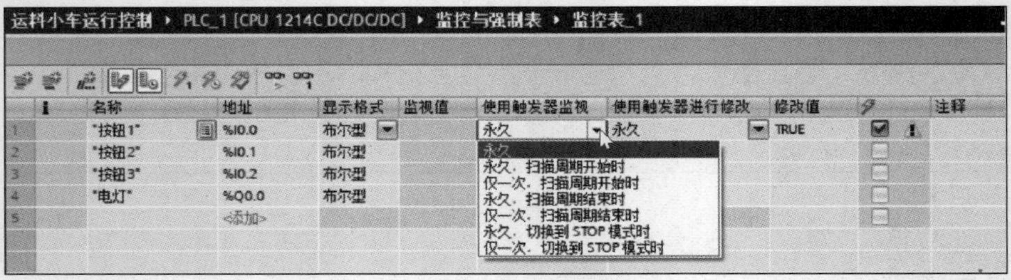

图 1.3-10 监控表的触发器

技能点 3：使用强制表

1. 强制的概念

给用户程序中的单个变量指定固定的值，这一功能称为强制（Force）。强制应在与 CPU 建立了在线连接后进行。在测试用户程序时，可以通过强制 I/O 点来模拟输入信号的变化。强制功能不能仿真。

S7-1200 系列 PLC 只能强制外设输入和外设输出。例如，强制 I0.0：P 和 Q0.0：P 等，不能强制组态时指定给 HSC（高速计数器）、PWM（脉冲宽度调制）和 PTO（脉冲列输出）的 I/O 点。

在执行用户程序之前，强制值被输入过程映像。在执行程序时，使用的是输入点的强制值。在外设输出时，程序运算产生的输出值会被强制值覆盖。

被强制的变量值只能读取，不会因为用户程序的执行而改变。

输入输出点被强制后，即使编程软件关闭，或编程计算机与 CPU 的在线连接断开，或 CPU 断电，强制值都被保持在 CPU 中，直到在线时用强制表停止强制功能为止。

2. 强制表的使用

双击项目树中的"监控与强制表"下的"强制表"，打开强制表编辑器。在强制表中输入所需的地址和强制值，如图 1.3-11 中的"按钮 1"和 TRUE。

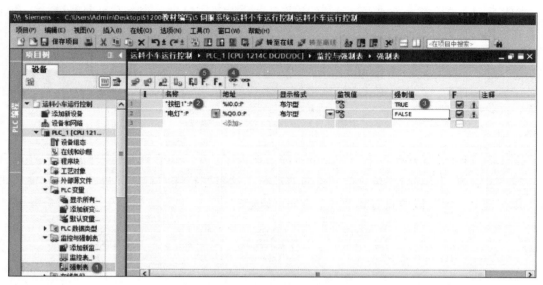

图 1.3-11　强制表使用

在"强制值"列后的"F"列中选中用于设定强制的复选框，黄色三角形将出现在所选复选框后面，表示此时虽然选择了该地址但尚未执行强制。

单击工具栏中的 ![] 按钮，进行强制表监控。单击 F. 按钮，开启选定变量的强制。单击强制表工具栏中的 F. 按钮，停止对所有地址的强制。

实 施 引 导

1. 新建或打开项目

新建名称为"运料小车运行控制"项目，或打开已经保存的"运料小车运行控制"项目，并切换到项目视图。

2. 编辑变量表

打开变量表，并将本项目的变量输入变量表。

3. 编写程序实现运料小车自动往返运行

图 1.3-12 是启保停电路，按下启动按钮后，运行指示灯亮并保持。按下停止按钮后，运行指示灯灭。

图 1.3-12　指示灯控制程序

图 1.3-13 是控制小车向左行控制的程序。当运行指示灯亮，小车没有向右运行，并且没有在左限位时，小车向左运行。

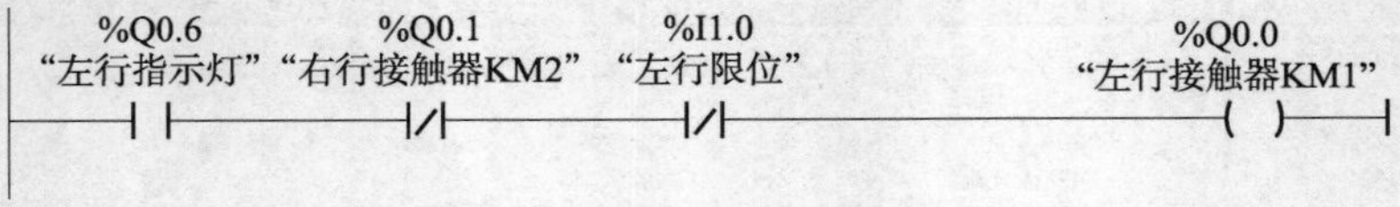

图 1.3-13　小车向左行控制程序

图 1.3-14 给出了小车向右行控制的程序。该程序是小车运行到左行限位之后，小车开始右行，并在未到达右行限位之前一直向右运行。这里左行和右行之间进行了"互锁"限制，以保证同一时间段内只有其中一个方向可以运行。

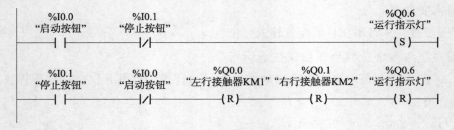

图 1.3-14　小车向右行控制程序

下载程序到 PLC，并进行程序调试。

4. 编写置位、复位程序实现运料小车自动往返运行

单击"项目"菜单中的"另存为（A）…"命令，将之前的项目另存为"运料小车运行控制 1"，在新项目中，删除之前的程序，并编写采用置位、复位方式控制的运料小车自动往返运行控制程序。

如图 1.3-15 所示，启动按钮和停止按钮进行"互锁"，按下启动按钮，运行指示灯 Q0.6 置位，按下停止按钮将 3 个输出点位 Q0.0、Q0.1 及 Q0.6 均复位。

图 1.3-15　指示灯控制程序

图 1.3-16 所示为控制小车往返运行的程序。置位操作也实现了左行和右行间的互锁。

图 1.3-17 所示为控制小车停止运行的程序。当小车运行到左行限位和右行限位时，要停止当前运行。

图 1.3-16　小车往返运行控制程序

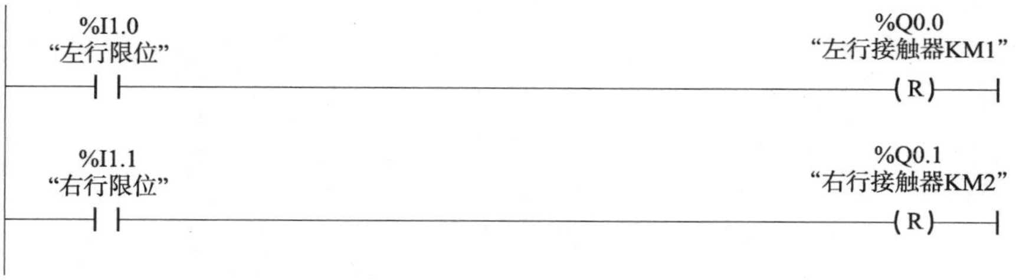

图 1.3-17　小车停止运行控制程序

下载程序到 PLC，并进行程序调试。

任 务 实 施 记 录 单

任务名称	运料小车启停控制	完成时长	
组别		组长	
组员姓名			
材料清单	元件：计算机+Portal V16、网线、S7–1200 CPU、24 V 稳压源、按钮、交流异步电动机、交流接触器、指示灯、限位开关等； 工具：一字改锥、十字改锥、万用表、剥线钳、压线钳； 耗材：导线、线针	费用预算	
任务要求	完成运料小车运行控制的 PLC 程序设计及运行测试。 要求：打开已有项目；使用自锁环节实现运料小车往返运行控制并测试程序的正确性；使用"另存为"命令保存程序；使用 R/S 指令实现运料小车的自动往返运行控制并测试程序的正确性		
资讯与参考			
决策与方案			
实施步骤与过程记录			

任务名称		运料小车启停控制	完成时长		
检查与评价	自我检查记录				
	结果记录				
文档清单	列写本任务完成过程中涉及的所有文档，并提供纸质或电子文档。				
	序号	文档名称	电子文档存储路径	完成时间	负责人
	1				
	2				

考核评价单

任务名称	运料小车启停控制		验收结论	
验收负责人			验收时间	
验收成员				
材料清单	元件：计算机＋Protal V16、网线、S7-1200 CPU、24 V稳压源、按钮、交流异步电动机、交流接触器、指示灯、限位开关等； 工具：一字改锥、十字改锥、万用表、剥线钳、压线钳； 耗材：导线、线针		费用核算	
任务要求	完成运料小车运行控制的PLC程序设计及运行测试。 要求：打开已有项目；使用自锁环节实现运料小车往返运行控制并测试程序的正确性；使用"另存为"命令保存程序；使用R/S指令实现运料小车的自动往返运行控制并测试程序的正确性			
方案确认				
实施过程确认				

验收要点	评价列表	验收要点	配分	得分
	素养评价	纪律（无迟到、早退、旷课）	10	
		安全规范操作，符合5S管理	10	
		团队协作能力、沟通能力	10	
	工程技能	能正确打开已有项目	10	
		能正确编写启保停程序	10	
		能正确下载并测试程序的正确性	10	
		能另存项目并清空程序	10	
		能正确编写R、S指令控制程序	10	
		能正确下载并测试程序的正确性	10	
		能解决出现的问题	10	
	总评得分			

任务名称	运料小车启停控制	验收结论	
效果评价	1. 目标完成情况 2. 知识技能增值点 3. 存在问题及改进方向		

文档接收清单	列写本任务完成过程中涉及的所有文档，并提供纸质或电子文档。		

序号	文档名称	接收人	接收时间
1			
2			

技为我用

程序设计方法依据个人对程序的理解不同而不同，比较自锁程序方式和置位、复位方式两种不同思路实现的运料小车自动往返程序，说出两者的不同之处，阐述个人对两种不同实现方式的理解。

进阶测试

一、填空题

1. 监控表的功能有（　　　）、（　　　）和对外设输出值赋值。

2. 一个项目可以生成（　　　）监控表。

3. PLC 变量表中声明的变量是（　　　），可以供所有模块调用。

4. （　　　）用来设置在扫描循环的哪一点来监视或修改选中的变量。

5. 可以用（　　　）表给用户程序中的单个变量指定固定的值。

6. 梯形图由（　　　）、触点、线圈和用方框表示的指令框组成。

7. 置位指令与复位指令最主要的特点是有（　　　）功能。

8. "置位位域"指令 SET_BF 将指定的地址开始的连续若干个（　　　）置位为 1 状态并保持。

二、单选题

监控表如果输入了错误的变量名称或地址，出错的单元背景变为浅红色，标题为 "i" 的标示符列出现（　　　）。

A. 蓝色背景　　　　B. 绿色文字　　　　C. 黄色叹号　　　　D. 红色的叉

三、判断题

输入、输出点被强制后，即使编程软件关闭，或编程计算机与 CPU 的在线连接断开，或 CPU 断电，强制值都被保持在 CPU 中，直到在线时用强制表停止强制功能为止。（　　　）

任务 1.4　运料小车手动/自动控制系统切换

S7-1200 简介

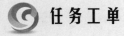 任务工单

任务名称	运料小车手动/自动控制系统切换	预计时间	60 min
材料清单	元件：计算机+Protal V16、网线、S7-1200 CPU、24 V 稳压源、按钮、交流异步电动机、交流接触器、指示灯、限位开关等； 工具：一字改锥、十字改锥、万用表、剥线钳、压线钳； 耗材：导线、线针	实施场地	PLC 控制柜、计算机、运料小车工艺对象（教学过程中可改在具备条件的实训室，运料小车动作可由交流异步电动机模拟）
任务描述	运料小车具有手动与自动两种运行模式，通过安装在控制柜面板的手动/自动切换开关进行操作模式的切换。 切换开关打到手动挡位时，手动指示灯点亮；按下启动按钮时，运料小车点动运行。 切换开关打到自动挡位时，自动指示灯点亮；按下启动按钮时，运料小车自动往返运行		
素质目标	(1) 通过小组任务的实施培养团结协作精神； (2) 通过子程序调用培养学生学科综合应用的创新思维； (3) 通过程序编写提高编制梯形图程序的逻辑思维能力		
知识目标	(1) 了解西门子 PLC 的结构化程序； (2) 掌握 FC、FB 子程序调用方法； (3) 了解 OB 块的功能和调用； (4) 了解 DB 块的类型及数据寻址方法		
能力目标	(1) 能够正确创建 FC、FB 块； (2) 能正确在 FC、FB 接口中进行变量声明； (3) 能调用 FC、FB 子程序； (4) 能正确进行 DB 块寻址		
资讯	S7-1200 用户手册 自动化网站等		

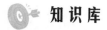 **知识库**

知识点 1：程序结构

　　S7-1200 编程采用模块化编程的概念，将复杂的自动化任务划分为对应于生产过程且技术功能较小的子任务，每个子任务对应一个"块"，可以通过块与块之间的相互调用来组织程序。块类似于子程序的功能，但类型更多、功能更强大。在工业控制中，程序往往是非常庞大和复杂的，采用块的概念便于对大规模程序的设计和理解，还可以设计标准化的块程序进行重复调用，使程序结构清晰明了、修改方便。S7-1200 程序提供了组织块、功能块、功能及数据块 4 种不同类型的块。各种块的简要说明见表 1.4-1。

表 1.4-1　用户程序中的块

块	简要描述
组织块（OB）	操作系统与用户程序的接口，决定用户程序的结构
功能块（FB）	用户编写，包含经常使用功能的子程序，有专用的背景数据块
功能（FC）	用户编写，包含经常使用功能的子程序，没有专用的背景数据块
数据块（DB）	用于保存 FB 的输入输出参数和静态变量，其数据在编译时自动生成
全局数据块	存储用户数据的数据区域，供所有的代码块共享

知识点 2：组织块

　　组织块（Organization Block，OB）是操作系统与用户程序的接口，由操作系统调用，用于控制扫描循环和中断程序的执行、PLC 的启动和错误处理等。组织块的程序是用户编写的。

　　OB1 是用于扫描循环处理的组织块，相当于主程序，操作系统调用 OB1 来启动用户程序的循环执行，每一次循环中调用一次组织块 OB1。在项目中插入 PLC 站将自动在项目树中的"程序块"下生成"Main［OB1］"块，双击打开即可编写主程序。

　　组织块中除 OB1 作为用于扫描循环处理主程序的组织块外，还包括启动组织块、时间错误中断组织块、诊断组织块、硬件中断组织块、循环中断组织块和延时中断组织块等。

　　每个组织块必须有一个唯一的 OB 编号。组织块无法互相调用或通过 FC、FB 调用，只有中断事件（如诊断中断或时间间隔）可以启动组织块的执行。

　　CPU 按优先等级处理 OB，即先执行优先级较高的 OB，然后执行优先级较低的 OB。最低优先等级为 1（对应主程序循环 OB1），最高优先等级为 27（对应时间错误中断）。

　　1. 程序循环组织块

　　OB1 是用户程序中的主程序，CPU 循环执行操作系统程序，在每一次循环中，操作系统程序调用一次 OB1。允许有多个程序循环 OB，它们将按编号顺序执行。

2. 启动组织块

启动组织块用于系统初始化，当 CPU 的工作模式从 STOP 切换到 RUN 时，执行一次启动（STARTUP）组织块来初始化程序循环 OB 中的某些变量，之后将开始执行程序循环 OB。可以有多个启动 OB，默认为 OB100。

3. 中断组织块

中断处理用来实现对特殊内部事件或外部事件的快速响应。如果没有中断事件出现，CPU 循环执行组织块 OB1 和它调用的块，如果出现中断事件（如诊断中断和时间延迟中断等），操作系统在终止当前程序的执行（产生断点）后，立即响应中断，自动调用一个分配给该事件的组织块（即中断程序）来处理中断事件。执行完中断组织块后返回程序的断点处继续执行原来的程序。

如果在执行中断程序（组织块）时，又检测到一个新的中断请求，CPU 将比较两个中断源的优先级。如果优先级相同，按照产生中断请求的先后次序进行处理。如果后者的优先级比正在执行的 OB 的优先级高，将中止当前正在处理的 OB，改为调用较高优先级的 OB。这种处理方式称为中断程序的嵌套调用。

中断程序不是由程序块调用，而是在中断事件发生时由操作系统调用。这意味着部分用户程序不必在每次循环中处理，而是在需要时才被中断程序处理。

知识点 3：功能

功能（Function，FC）是用户编写的子程序，它包含完成特定任务的代码和参数。FC 是一种不带"存储区"的逻辑块，当 FC 执行结束后，临时数据就丢失了。要将这些数据永久存储，FC 要使用共享数据块或者位存储区。

可以将不同的任务编写到不同的 FC 中，同一 FC 可以在不同的地方被多次调用，这样可以简化程序代码和减少扫描时间。

由于 FC 没有自己的存储区，所以必须为其指定实际参数。不能为一个 FC 的局部数据分配初始值。

知识点 4：功能块

功能块（Function Block，FB）是一种带"存储功能"的块。调用功能块时需要指定背景数据块，背景数据块是功能块专用的存储区，存储输入输出参数和局部静态变量，当 FB 执行结束时，存储在背景数据块中的数据不会丢失。

在编写调用 FB 的程序时，必须指定背景数据块的编号，调用时背景数据块被自动打开。可以在用户程序中或通过人机界面接口访问这些背景数据。一个 FB 可以有多个背景数据块，使 FB 用于不同的被控对象，称为多重背景模型。

知识点 5：数据块

数据块（Data Block，DB）是用于存放程序执行时所需变量数据的数据区，STEP 7 按变量生成的顺序自动为数据块中的变量分配地址。

　　有两种类型的数据块：全局数据块存储供所有的程序使用的数据，所有的 OB、FB 和 FC 都可以访问它们；背景数据块中保存的是对应的 FB 的输入输出参数和局部静态变量，供特定的 FB 使用。

　　数据块的存储单元从字节 0 开始依次增加。数据块就像一个大柜子，每个字节类似于一个抽屉。

　　S7-1200 PLC 通过符号地址或绝对地址访问数据块数据。默认情况下，在编程软件中建立数据块时系统会自动选择"仅符号访问"项，则此时数据块仅能通过符号寻址的方式进行数据存取。例如，"Values".Start 即为符号访问，其中 Values 为数据块的符号名称，Start 为数据块中定义的变量。而 DB10.DBW0 则为绝对地址访问，其中，DB10 指明了数据块名 DB10，DBW0 的"W"指明了寻址一个字长，其寻址的起始字节为 0。即寻址的是 DB10 数据块中的字节 0 和字节 1 组成的一个字，同样 DBB0、DBD0 及 DBX4.1 等分别寻址的是一个字节、双字和位。

知识点 6：全局变量和局部变量

　　PLC 变量表中的变量可以用于整个 PLC 中所有的程序块，在所有的程序块中具有相同的意义和唯一的名称。可以在变量表中为输入 I、输出 Q 和位存储器 M 的位、字节、字和双字定义全局变量。在程序中，全局变量被自动添加双引号，如"按钮 1"。

　　局部变量只能在被定义的块中使用，同一个变量的名称可以在不同的块中分别使用一次。可以在块的接口区定义块的输入输出参数（Input、Output 和 InOut 参数）和临时数据（Temp），以及定义 FB 的静态数据（Static）。在程序中，局部变量被自动添加 # 号，如"#按钮 1"。

🎯 工具箱

技能点 1：生成 FC 或者 FB 块

　　在项目视图的项目树，打开程序块文件夹，双击"添加新块"，打开图 1.4-1 所示的"添加新块"对话框。选中要添加的块类型为 FC 功能（FB 功能块），修改名称为"小车自动往返控制"，默认编程语言为 LAD，左下角"新增并打开"复选项默认为勾选状态。单击"确定"按钮，进入块编辑器。

技能点 2：生成 FC 或 FB 局部变量

　　单击"小车自动往返控制［FC1］"程序区最上面标有"块接口"的水平分隔条的小三角符号，打开块的接口（Interface）区。

图 1.4-1 "添加新块"对话框

在接口区中生成局部变量。在"Input"下面的"名称"列生成输入数据。通过"数据类型"旁边的下拉列表进行变量类型修改。用同样的方法可以在"Output"下面生成所需要的输出数据。完成小车自动往返控制 FC 块接口设置，如图 1.4-2 所示。

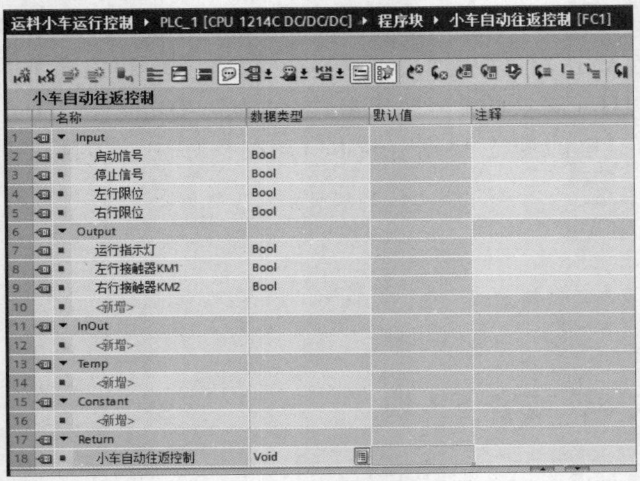

图 1.4-2 小车自动往返控制接口设置

功能块各种类型的局部变量的作用如下。

（1）Input（输入参数）：用于接收调用它的主调块提供的输入数据。

（2）Output（输出参数）：用于将块的程序执行结果返回给主调块。

（3）InOut（输入_输出参数）：初值由主调块提供，块执行完后用同一个参数将它的值返回给主调块。

（4）Temp（临时局部数据）：用于存储临时中间结果的变量。调用 FC 时，应先初始化它的临时数据，然后再使用。

（5）Constant（常量）：是在块中使用并且带有符号名的常数。

（6）Return：仅存在于 FC 块类型中。自动生成的返回值"小车自动往返控制"与 FC 块的名称相同，属于输出参数，其返回值给调用它的块。

（7）Static：仅存在 FB 块类型中。在 FB 块接口中定义的静态变量，当 FB 块退出后，静态变量的值仍保持。

注意：当一个块接口变量为 Output 类型时，系统不建议对该变量进行读取操作，会给出编译警告。该变量在程序中显示为黄色，如图 1.4-3 所示。建议修改该变量的类型为 InOut 类型。

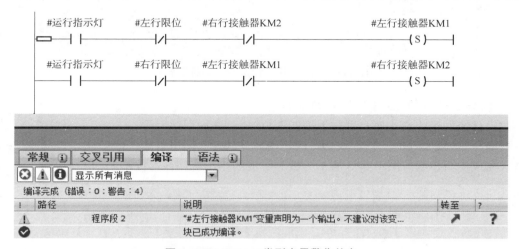

图 1.4-3　Output 类型变量警告信息

技能点 3：设置块的符号访问

右键单击项目树中的某个全局数据块、FB 或 FC，选中快捷菜单中的"属性"命令，打开"属性"视图，勾选"优化的块访问"复选框，此后在全局数据块、FB 和 FC 的接口区声明的变量在块内没有绝对地址，只有符号名，只能用符号地址的方式访问声明的变量。变量以优化的方式保存，可以提高存储区的利用率。

实施引导

1. 任务分析

本任务的硬件部分引入了手动/自动切换开关和手动指示灯两个外部部件，分别为其分配 I/O 点位地址为 I0.2 和 Q0.7。

运料小车自动往返运行控制程序中已经实现了自动往返控制，要加入手动运行控制。基于此，使用两个不同的 FC 块进行程序设计。首先将创建运料小车自动往返控制程序 FC 块，然后再创建手动运行控制的 FC 块，最后在 OB1 中调用两个 FC 块控制程序即可。

2. 添加变量表

在项目树中添加变量表，结果如图 1.4-4 所示。

运料小车运行控制 ▸ PLC_1 [CPU 1214C DC/DC/DC] ▸ PLC 变量 ▸ 变量表_1 [9]

变量表_1

	名称	数据类型	地址	保持	可从 ...	从 H...	在 H...
1	启动按钮	Bool	%I0.0	☐	☑	☑	☑
2	停止按钮	Bool	%I0.1	☐	☑	☑	☑
3	左行限位	Bool	%I1.0	☐	☑	☑	☑
4	右行限位	Bool	%I1.1	☐	☑	☑	☑
5	左行接触器KM1	Bool	%Q0.0	☐	☑	☑	☑
6	右行接触器KM2	Bool	%Q0.1	☐	☑	☑	☑
7	运行指示灯	Bool	%Q0.6	☐	☑	☑	☑
8	手动运行指示灯	Bool	%Q0.7	☐	☑	☑	☑
9	手动/自动切换开关	Bool	%I0.2	☐	☑	☑	☑

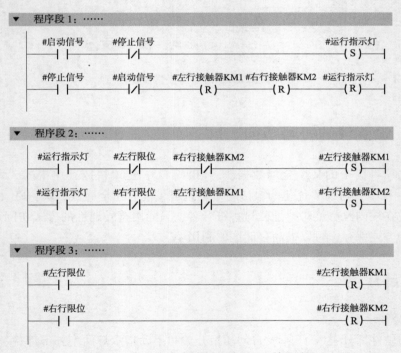

图 1.4-4　运料小车手动/自动运行变量表

3. 编写小车自动往返控制 FC 块程序

双击已经创建的“小车自动往返控制”FC 块，进行程序编写。

在编写 FC 块程序时，先在块接口区声明需要的输入输出数据，依据这些变量进行程序编写，完成逻辑控制。图 1.4-5 所示为编写完成的小车自动往返控制 FC 块。

图 1.4-5　小车自动往返控制 FC 块程序

4. 调用 FC 块进行程序测试

调用 FC 块的方法是将 FC 块从项目树中拖动到调用位置，然后填写相关的参数即可。如图 1.4-6 所示，首先将小车自动往返控制 FC 块从项目树拖动到 OB1 中，然后打开变量列表，从详细视图中拖动对应的变量到块参数中。下载该程序到 PLC，进行控制测试。

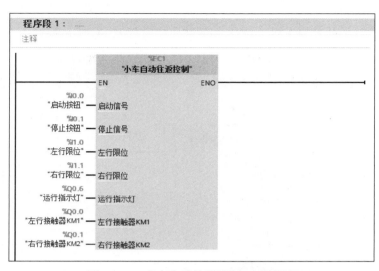

图 1.4-6 小车自动往返控制 FC 块调用

5. 编写手动控制小车运行 FC 块程序

在项目树中，添加手动控制小车运行 FC 块。添加块接口变量，与小车自动往返控制 FC 块接口变量类似，只是将其"运行指示灯"变量修改为"手动运行指示灯"。编写小车手动控制 FC 块程序，如图 1.4-7 所示。

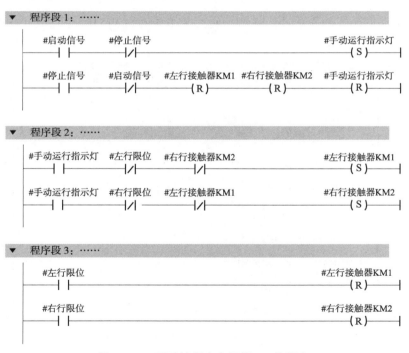

图 1.4-7 手动控制小车运行 FC 块程序

6. 编写主程序

当手动/自动切换开关为 1 时，调用小车自动往返控制 FC 块，实现小车的自动往返运行控制，如图 1.4-8 所示。

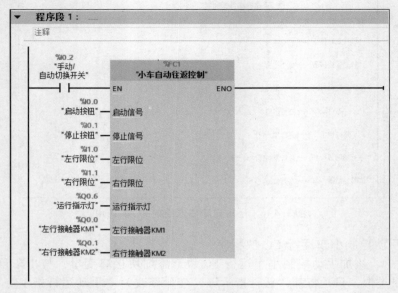

图 1.4-8　小车自动往返控制 FC 块调用

当手动/自动切换开关为 0 时，调用手动控制小车运行 FC 块，实现小车的手动往返运行控制，如图 1.4-9 所示。

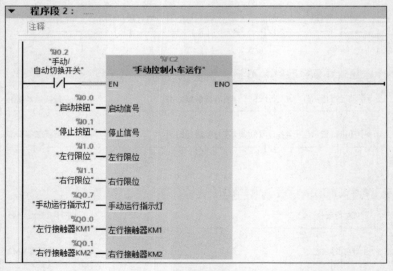

图 1.4-9　手动控制小车运行 FC 块调用

7. 下载程序并进行调试

将编写的所有程序块进行下载，并调试，观察程序运行是否满足任务要求。

任 务 实 施 记 录 单

任务名称	运料小车手动/自动控制系统切换	完成时长	
组别		组长	
组员姓名			
材料清单	元件：计算机+Portal V16、网线、S7–1200 CPU、24 V 稳压源、按钮、切换开关、交流异步电动机、交流接触器、指示灯、限位开关等； 　工具：一字改锥、十字改锥、万用表、剥线钳、压线钳； 　耗材：导线、线针	费用预算	.
任务要求	运料小车具有手动与自动两种运行模式，通过安装在控制柜面板的手动/自动切换开关进行操作模式的切换； 　切换开关打到手动挡位时，手动指示灯点亮，按下启动按钮，运料小车点动运行；切换开关打到自动挡位时，自动指示灯点亮，按下启动按钮时，运料小车自动往返运行		
资讯与参考			
决策与方案			
实施步骤与过程记录			

任务名称	运料小车手动/自动控制系统切换	完成时长	
检查与评价	自我检查记录		
	结果记录		

文档清单	列写本任务完成过程中涉及的所有文档，并提供纸质或电子文档。				
	序号	文档名称	电子文档存储路径	完成时间	负责人
	1				
	2				

考核评价单

任务名称	运料小车手动/自动控制系统切换	验收结论	
验收负责人		验收时间	
验收成员			
材料清单	元件：计算机＋Protal V16、网线、S7-1200 CPU、24 V稳压源、按钮、切换开关、交流异步电动机、交流接触器、指示灯、限位开关等； 工具：一字改锥、十字改锥、万用表、剥线钳、压线钳； 耗材：导线、线针	费用核算	
任务要求	运料小车具有手动与自动两种运行模式，通过安装在控制柜面板的手动/自动切换开关进行操作模式的切换。 切换开关打到手动挡位时，手动指示灯点亮；按下启动按钮时，运料小车点动运行。 切换开关打到自动挡位时，自动指示灯点亮，按下启动按钮时，运料小车自动往返运行		
方案确认			
实施过程确认			

	评价列表	验收要点	配分	得分
验收要点	素养评价	纪律（无迟到、早退、旷课）	10	
		安全规范操作，符合5S管理	10	
		团队协作能力、沟通能力	10	
	工程技能	能正确进行项目需要的硬件搭建	20	
		能正确创建FC块	10	
		能正确编写小车自动往返控制FC块程序	10	
		能正确编写手动控制小车运行FC块程序	10	
		能正确下载并测试程序的正确性	20	
		总评得分		

续表

任务名称	运料小车手动/自动控制系统切换	验收结论	
效果评价	1. 目标完成情况 2. 知识技能增值点 3. 存在问题及改进方向		
文档接收清单	列写本任务完成过程中涉及的所有文档，并提供纸质或电子文档。		

序号	文档名称	接收人	接收时间
1			
2			

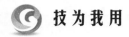 **技为我用**

项目实施过程中，采用的是 FC 块实现手动/自动控制。本项目也可以使用 FB 块实现手动/自动控制，请尝试使用 FB 块重做项目。能否采用自锁方式实现手动/自动控制，若能，请使用自锁方式重做项目。

进阶测试

一、填空题

1. 背景数据块中的数据是函数块的（　　　）中的参数和数据（不包括临时数据和常数）。

2. S7-1200 启动时首先调用（　　　）块。

3. 在梯形图中，调用 FB 或者 FC 块时，方框的左边是块的（　　　）参数或者（　　　）参数，方框的右边是（　　　）参数。

4. S7-1200 程序中支持的块类型有（　　　）、（　　　）、（　　　）及（　　　）4 种。

5. 数据块分为（　　　）和（　　　）两种。

6. 在编写调用 FB 时，必须为其指定（　　　），调用 FB 时背景数据块被自动打开。

二、单选题

1. OB1 是用于扫描循环处理的组织块，相当于（　　　），操作系统调用 OB1 来启动用户程序的循环执行，每一次循环中调用一次组织块 OB1。

A. 主程序　　　　B. 子程序　　　　　　C. 中断程序　　　　D. 都不是

2. CPU 按优先等级处理 OB，即先执行优先级较（　　　）的 OB，然后执行优先级较（　　　）的 OB。最低优先等级为（　　　）（对应主程序循环 OB1），最高优先等级为 27。

A. 高、低、0　　B. 高、低、1　　　C. 低、高、0　　D. 低、高、1

三、多选题

选择存在于 FC 接口区的变量类型（　　　）。

A. Input　　　　　B. Static　　　　　C. Output　　　　　D. InOut

E. Return　　　　F. Constant

四、判断题

FC 是一种不带"存储区"的逻辑块，当 FC 执行结束后，临时数据就丢失了。（　　　）

项目 2

料斗装料延时控制

岗课赛证融通要求

智能制造工程技术人员国家职业技术技能标准		
工作内容	专业能力要求	相关知识要求
3.2 安装、调试、部署和管控智能装备与产线	3.2.2 能进行智能装备与产线单元模块的现场安装和调试	3.2.3 智能装备与产线现场安装与调试技术基础 3.2.4 PLC 基础应用知识
可编程控制器系统应用编程职业技能等级标准		
工作领域	工作任务	技能要求
3. 可编程控制器系统编程	3.1 可编程控制器基本逻辑指令编程	3.1.5 能够使用定时/计数指令完成程序编写
全国职业院校技能大赛高职组"工业网络智能控制与维护"赛项		
任务要求：操作人员可以现场对控制单元进行操作、编程与调试，完成整个装配生产线系统的自动运行、自动监测和自动管理。		

项目引入

项目 2 是项目 1 的延续。运料小车接送料时需在接送料区等待一定的时间，完成原料的装载与卸料。若使用多节皮带运送，还需考虑皮带的启停顺序。本项目通过 3 个任务，学习 S7-1200 的定时器指令。

项目2　料斗装料延时控制
- 任务2.1　延时装卸料控制
- 任务2.2　运输带顺序启停控制
- 任务2.3　报警电路设计

任务 2.1　延时装卸料控制

定时器指令

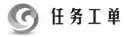 **任务工单**

任务名称	延时装卸料控制	预计时间	120 min
材料清单	元件：S7-1200 CPU 1214C DC/DC/RLY、24 V 稳压源、按钮、交流异步电动机、交流接触器、指示灯、限位开关等； 工具：一字改锥、十字改锥、万用表、剥线钳、压线钳； 耗材：导线、线针	实施场地	PLC 控制柜、动力电源（教学过程中可改在具备条件的实训室）
任务描述	运行系统时先进行小车复位：复位按钮按下后，小车左行回到左限位位置，复位完成。复位过程中，复位指示灯以 1 Hz 频率闪烁。复位完毕后，复位指示灯转常亮。 　复位后，按下启动按钮，运料小车原地等待 10 s，完成装料。装料后小车自动启动右行，到达右限位，完成卸料，5 s 后自动返回。循环上述过程。 　运行过程中，运行指示灯点亮，复位指示灯熄灭。 　停止按钮按下后，小车就地停止，运行指示灯熄灭		
素质目标	（1）通过从知识到应用的任务实施培养学生学以致用的职业素养； （2）通过素质考核培养学生严于律己的敬业精神； （3）通过小组任务实施培养学生团结协作的团队精神		
知识目标	（1）掌握 S7-1200 的接通延时定时器 TON 工作原理； （2）掌握 S7-1200 的时间累加器 TONR 工作原理； （3）掌握系统存储器与时钟存储器的设置方法		
能力目标	（1）能应用接通延时定时器 TON 指令、时间累加器 TONR 指令的功能进行编程应用； （2）能用接通延时定时器构成一个脉冲发生器； （3）能调用赋实参函数		
资讯	S7-1200 用户手册 自动化网站等		

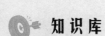 **知识库**

知识点 1：定时器指令基本认知

定时器指令是 PLC 中专门用于实现延时的一类指令。自动控制系统中经常会遇到时间控制的问题。例如，在延时装卸料控制项目中，运料小车需要原地等待一段时间，完成装卸料后自行启动，就需要用定时器指令来实现此功能。S7-1200 系列 PLC 有 IEC 标准的定时器指令，用户程序中可以使用的 IEC 定时器数仅受 CPU 存储器容量的限制。IEC 定时器指令有 4 种类型，分别是接通延时定时器 TON、时间累加器 TONR、关断延时定时器 TOF、脉冲定时器 TP。

知识点 2：接通延时定时器 TON 指令

接通延时定时器的指令标识为 TON，指令格式如图 2.1-1 所示，IN 端为启动输入端；PT（Preset Time）为预设时间值；ET（Elapsed Time）为定时开始后经过的时间，称为当前时间值，它们的数据类型为 32 位的时间，单位为 ms，最大定时时间为 T#24D_20H_31M_23S_647MS；Q 为定时器的位输出端。

定时器属于函数块，调用时需要指定背景数据块，定时器的数据保存在背景数据块中。将定时器指令拖放到梯形图中，会出现"调用选项"对话框，如图 2.1-2 所示。背景数据块的名称和编号可以使用默认的，也可自行更改，如改为"T1"或"装料延时"等，单击"确定"按钮，自动生成定时器背景数据块。定时器背景数据块数据结构如图 2.1-3 所示。

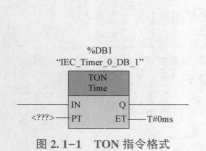

图 2.1-1　TON 指令格式

图 2.1-2　定时器"调用选项"对话框

TON 定时器在输入 IN 端变为 ON 态时启动，定时器开始定时。图 2.1-4 是 TON 指令的应用实例。IN 端变为 ON 态时定时开始，当前时间 ET 从 0 ms 开始不断增大，当 ET 达到 PT 指定的设定值时，输出 Q 变为 1 状态，ET 保持不变；IN 端变为 OFF 态时，TON 定时器复位，见图 2.1-5 中的波形 A。图 2.1-5 中的波形 B、D 表达了 TON 指令的其他工作状态。

IEC_Timer_0_DB									
	名称	数据类型	起始值	保持	可从 HMI/...	从 H...	在 HMI ...	设定值	注释
1	▼ Static			☐	☐	☐	☐	☐	
2	■ PT	Time	T#0ms	☐	☑	☑	☑	☐	
3	■ ET	Time	T#0ms	☐	☑	☐	☑	☐	
4	■ IN	Bool	false	☐	☑	☑	☑	☐	
5	■ Q	Bool	false	☐	☑	☐	☑	☐	

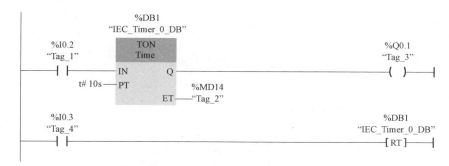

图 2.1-3　定时器的背景数据块

图 2.1-4　接通延时定时器

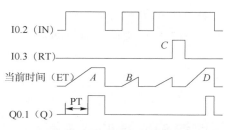

图 2.1-5　接通延时定时器的波形

知识点 3：时间累加器 TONR 指令

时间累加器的指令标识为 TONR，指令格式如图 2.1-6 所示。可以看出它的指令格式和 TON 很相似，只是多了一个复位端 R。因为 TONR 具有时间累加的功能，即使输入端断开，其当前时间仍能保持，如想对定时器复位，需要通过复位端 R 实现。

图 2.1-6　TONR 指令格式

时间累加器 TONR 应用实例见图 2.1-7。IN 输入电路接通时开始定时，见图 2.1-8 中的波形 *A* 和 *B*。输入电路断开时，累计的当前时间值保持不变。可以用 TONR 来累计输入电路接通的若干个时间段。当图中的累计时间 t_1+t_2 等于预设值 PT 时，Q 输出变为 1 状态，见图 2.1-8 中的波形 *D*。

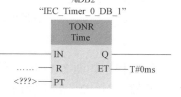

当复位输入 R 为 1 状态时，见图 2.1-8 中的波形 *C*，TONR 被复位，它的 ET 变为 0，输出 Q 变为 0 状态。

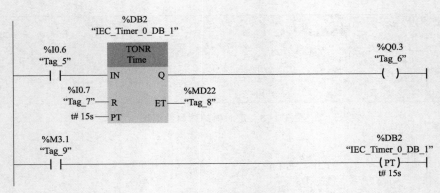

图 2.1-7　时间累加器

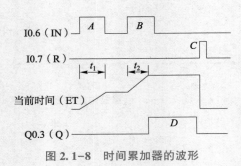

图 2.1-8　时间累加器的波形

🔧 工具箱

技能点 1：接通延时定时器构成脉冲发生器

　　用接通延时定时器构成一个脉冲发生器，使其产生图 2.1-9 所示的脉冲时序，脉冲信号的周期为 3 s，脉冲宽度为 1 s。

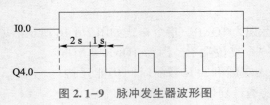

图 2.1-9　脉冲发生器波形图

　　示例程序如图 2.1-10 所示。当图中的 I0.0 接通后，定时器 T7 的 IN 输入信号为 1 状态，开始定时，2 s 后定时时间到，Q 输出信号启动定时器 T8，同时 Q4.0 线圈通电。1 s 后 T8 定时时间到，"T8".Q 的常闭触点断开，使 T7 的 IN 输入电路断开复位，其 Q 输出变为 0 状态，Q4.0 和定时器 T8 的 IN 输出也变为 0 状态，T8 复位。在下一个扫描周期因 T8 复位，其 "T8".Q 的常闭触点再次接通，T7 重启，程序循环运行。Q4.0 线圈将按照以上规律周期性地通电和断电，直到 I0.0 断开。Q4.0 线圈通电和断电的时间分别等于 T7 与 T8 的设定值，脉冲信号的周期为 T7 和 T8 的设定值之和。

通过以上分析可以看出，调整定时器 T7 和 T8 的设定值即可以产生频率、占空比均可调的脉冲发生器信号。若在脉冲发生器的输出端接上彩灯或蜂鸣器，便成为典型的闪烁电路或报警电路。

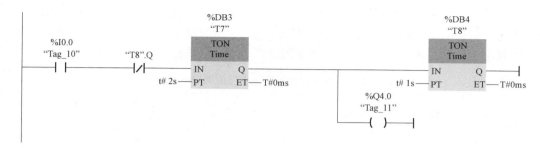

图 2.1-10　脉冲发生器梯形图

技能点 2：设置系统存储器与时钟存储器

工业现场经常需要周期性地通断信号，本任务要求复位指示灯以 1 Hz 频率闪烁，只需使用时钟存储器字节来实现，操作简单。

打开 PLC 的设备视图，选中 CPU，再选中巡视窗口的"属性"→"常规"→"系统和时钟存储器"（图 2.1-11），勾选"启用系统存储器字节"和"启用时钟存储器字节"复选框，一般采用它们的默认地址 MB1 和 MB0，也可以根据使用习惯更改地址，但应注意避免同一地址的重复使用。

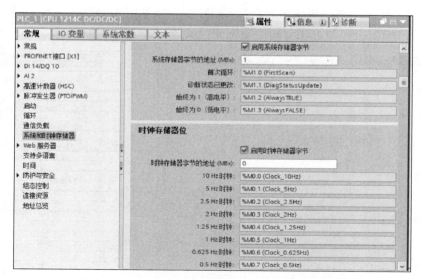

图 2.1-11　组态系统存储器字节与时钟存储器字节

将 MB1 设置为系统存储器字节后，该字节的 M1.0～M1.3 的意义如下。

（1）M1.0（首次循环）：仅在刚进入 RUN 模式的首次扫描时为 TRUE（1 状态），以后为 FALSE（0 状态）。

（2）M1.1（诊断状态已更改）：诊断状态发生变化。

（3）M1.2（始终为 1）：总是为 TRUE，其常开触点总是闭合。

（4）M1.3（始终为 0）：总是为 FALSE，其常闭触点总是闭合。

采用默认的 MB0 作为时钟存储器字节。时钟存储器各位的占空比均为 50%，时钟存储器字节每一位的周期和频率见表 2.1-1。例如，M0.5 的时钟脉冲周期为 1 s，可以用它的触点来控制指示灯，指示灯将以 1 Hz 的频率闪动。

表 2.1-1　时钟存储器字节各位的周期与频率

位	7	6	5	4	3	2	1	0
周期/s	2	1.6	1	0.8	0.5	0.4	0.2	0.1
频率/Hz	0.5	0.625	1	1.25	2	2.5	5	10

注意：系统存储器和时钟存储器不是保留的存储器，用户程序或通信可能改写这些存储单元，破坏其中的数据。因此，指定了系统存储器和时钟存储器字节后，这两个字节不能再作其他用途；否则将会使用户程序运行出错，甚至造成设备损坏或人身伤害。

技能点 3：赋实参调用函数

设计 PLC 程序，完成两台电动机按顺序操作的控制任务。要求：按下启动按钮 SB1，第一台电动机先启动，10 s 后自动启动第二台电动机。按下停止按钮 SB2，两台电动机同时停止。

（1）生成名称为"电动机顺序启动"的 FC 块，默认的编号为 1，默认的语言为 LAD 梯形图（图 2.1-12）。可以在项目树中看到新生成的 FC1（图 2.1-13）。

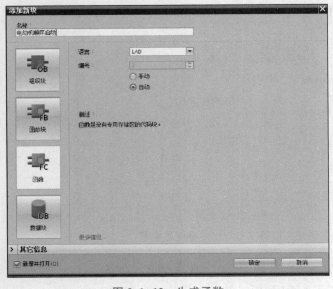

图 2.1-12　生成函数

图 2.1-13　项目树

（2）打开 FC1，用鼠标往下拉动程序编辑器的分隔条，可以看到函数的接口区。根据本例要求生成的局部变量如图 2.1-14 所示。

		名称	数据类型	默认值	注释
		电动机顺序启动			
1	▼	Input			
2	■	启动按钮	Bool		
3	■	停止按钮	Bool		
4	■	定时时间	Time		
5	▼	Output			
6	■	电动机1	Bool		
7	■	电动机2	Bool		
8	▼	InOut			
9	■	启动标志位	Bool		
10	▶	定时器	IEC_TIMER		
11	▼	Temp			
12	■	<新增>			
13	▼	Constant			
14	■	<新增>			
15	▼	Return			
16	■	电动机顺序启动	Void		

图 2.1-14　FC1 接口区的局部变量

（3）FC1 程序。根据控制要求，FC1 程序如图 2.1-15 所示。

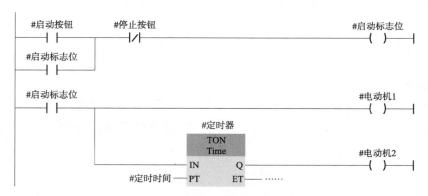

图 2.1-15　FC1 的程序

（4）在 OB1 中调用 FC1 程序。

在变量表中生成调用 FC1 时所需的变量（图 2.1-16）。将项目树中的 FC1 拖放到 OB1 程序的水平"导线"上（图 2.1-17）。

		名称	数据类型	地址
1		启动按钮	Bool	%I0.0
2		停止按钮	Bool	%I0.1
3		启动标志位	Bool	%M10.0
4		电动机1	Bool	%Q0.0
5		电动机2	Bool	%Q0.1

图 2.1-16　PLC 变量表

75

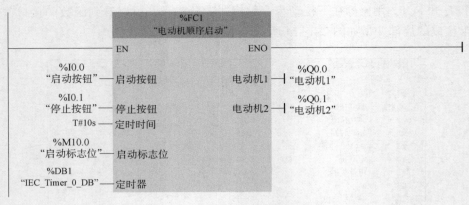

图 2.1-17 OB1 调用 FC1 的程序

FC1 的方框中左边的"启动按钮""停止按钮"等是在 FC1 的接口区中定义的输入参数和输入输出参数，右边"电动机 1""电动机 2"是输出参数。它们被称为 FC 的形式参数，简称形参，形参在 FC 内部的程序中使用。调用 FC 时，需要为每个形参指定实际的参数，简称为实参。实参在方框的外面，实参与它对应的形参应具有相同的数据类型。

实参既可以是变量表和全局数据块中定义的符号地址或绝对地址，也可以是调用块中定义的局部变量。块的 Output（输出）和 InOut（输入输出）参数不能用常数来作实参，其实参应为地址。只有 Input（输入参数）的实参能设置为常数。

实施引导

1. 任务分析

（1）运料小车由交流异步电动机驱动沿着轨道往返，交流异步电动机通过正/反转拖动小车实现两个方向的运动，其线圈由两个 PLC 的数字量输出点控制。电动机主接线如图 2.1-18 所示。

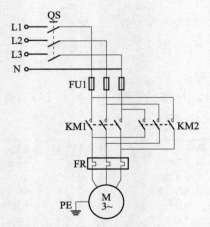

图 2.1-18 交流异步电动机正/反转主线路图

（2）创建 FC1 小车复位子程序。主程序中复位按钮按下，则进入运料小车复位子程序。在复位子程序中，可以使用时钟存储器 M0.5 实现指示灯以 1 Hz 的频率闪烁。

（3）创建 FC2 循环装卸料子程序。在循环装卸料子程序中，需要使用两个接通延时定时器 TON，一个实现运料小车等待 10 s 装料，另一个实现运料小车等待 5 s 卸料。

2. 编辑变量表

变量表如图 2.1-19 所示。

		名称	数据类型	地址
1	⬤ DI	复位按钮	Bool	%I0.0
2	⬤ DI	启动按钮	Bool	%I0.1
3	⬤ DI	停止按钮	Bool	%I0.2
4	⬤ DI	左行限位	Bool	%I0.3
5	⬤ DI	右行限位	Bool	%I0.4
6	⬤ DI	左行接触器KM1	Bool	%Q0.0
7	⬤ DI	右行接触器KM2	Bool	%Q0.1
8	⬤ DI	复位指示灯	Bool	%Q0.5
9	⬤ DI	运行指示灯	Bool	%Q0.6
10	⬤ DI	复位标志	Bool	%M10.0
11	⬤ DI	运行标志	Bool	%M10.1

图 2.1-19 变量表

3. 小车 PLC I/O 接口硬件接线图

运料小车 I/O 接口硬件接线如图 2.1-20 所示。

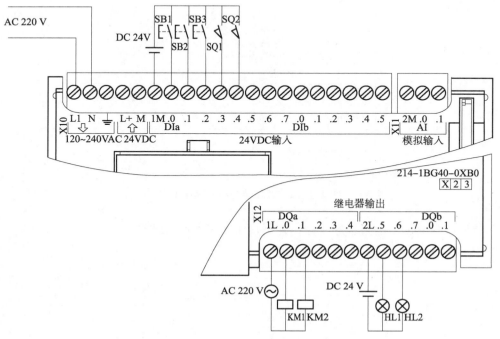

图 2.1-20 运料小车 PLC 硬件接线图

4. 示例程序

示例程序如图 2.1-21 至图 2.1-23 所示。

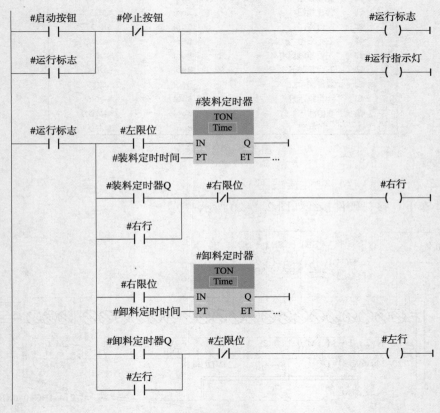

图 2.1-21　复位子程序 FC1

图 2.1-22　循环装卸料子程序 FC2

下载程序到 PLC，运行程序。操作控制按钮，观察运行结果。

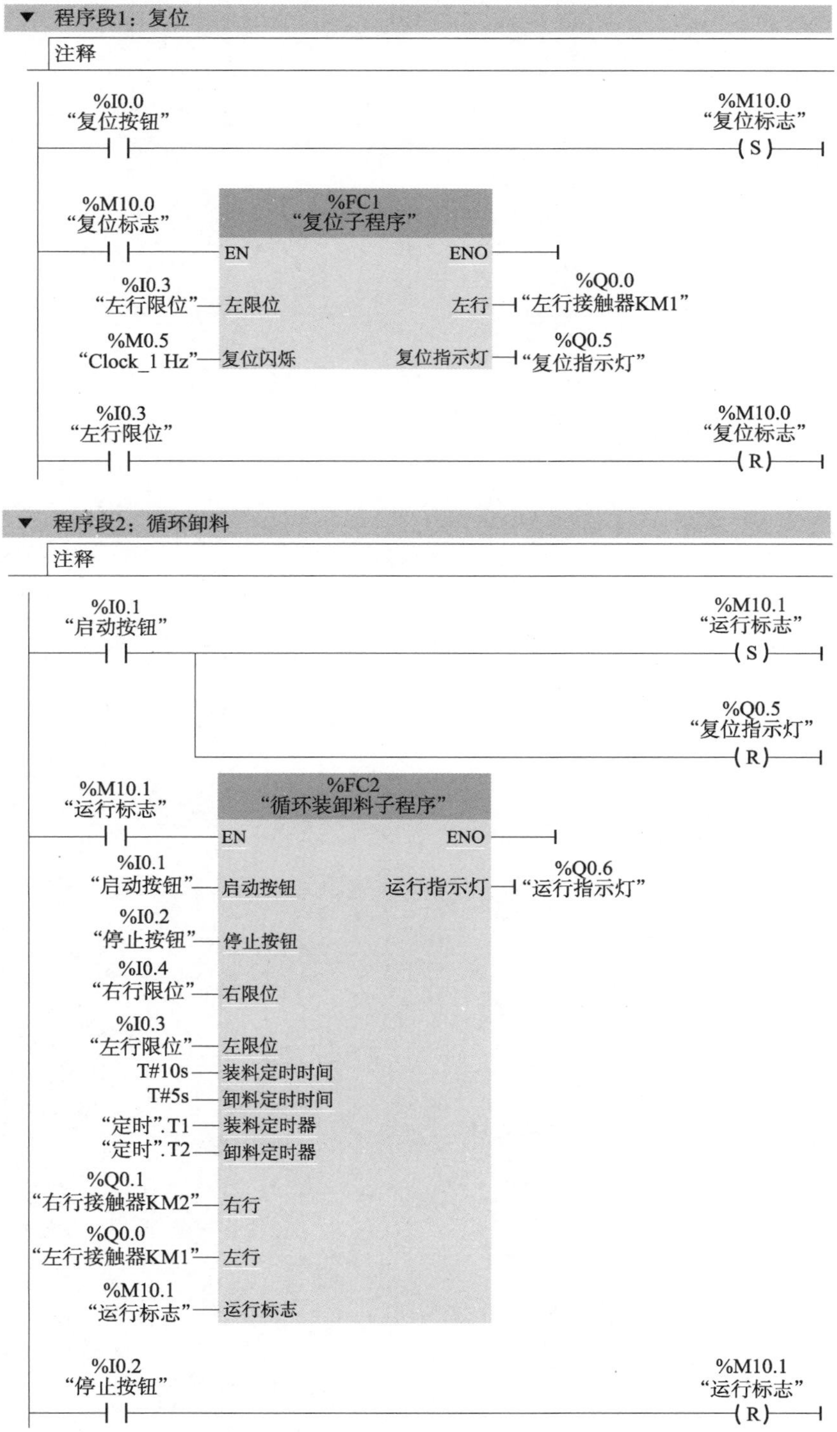

▼ 程序段1：复位

注释

```
%I0.0                                                    %M10.0
"复位按钮"                                                "复位标志"
  ┤ ├─────────────────────────────────────────────────────( S )─┤


%M10.0              ┌──────────────────────────┐
"复位标志"          │         %FC1             │
  ┤ ├───────────────┤      "复位子程序"        │
                    │                          │
                    │ EN                  ENO ├─┤
%I0.3               │                          │              %Q0.0
"左行限位"─────────┤左限位            左行├──"左行接触器KM1"
%M0.5               │                          │              %Q0.5
"Clock_1 Hz"───────┤复位闪烁      复位指示灯├──"复位指示灯"
                    └──────────────────────────┘

%I0.3                                                    %M10.0
"左行限位"                                                "复位标志"
  ┤ ├─────────────────────────────────────────────────────( R )─┤
```

▼ 程序段2：循环卸料

注释

```
%I0.1                                                    %M10.1
"启动按钮"                                                "运行标志"
  ┤ ├──────────┬──────────────────────────────────────────( S )─┤
              │
              │                                          %Q0.5
              │                                          "复位指示灯"
              └──────────────────────────────────────────( R )─┤


%M10.1              ┌──────────────────────────┐
"运行标志"          │         %FC2             │
  ┤ ├───────────────┤    "循环装卸料子程序"    │
                    │                          │
                    │ EN                  ENO ├─┤
%I0.1               │                          │              %Q0.6
"启动按钮"─────────┤启动按钮      运行指示灯├──"运行指示灯"
%I0.2               │                          │
"停止按钮"─────────┤停止按钮                  │
%I0.4               │                          │
"右行限位"─────────┤右限位                    │
%I0.3               │                          │
"左行限位"─────────┤左限位                    │
       T#10s────────┤装料定时时间              │
        T#5s────────┤卸料定时时间              │
    "定时".T1───────┤装料定时器                │
    "定时".T2───────┤卸料定时器                │
%Q0.1               │                          │
"右行接触器KM2"────┤右行                      │
%Q0.0               │                          │
"左行接触器KM1"────┤左行                      │
%M10.1              │                          │
"运行标志"─────────┤运行标志                  │
                    └──────────────────────────┘

%I0.2                                                    %M10.1
"停止按钮"                                                "运行标志"
  ┤ ├─────────────────────────────────────────────────────( R )─┤
```

图 2.1-23　主程序

任务实施记录单

任务名称	延时装卸料控制		完成时长	
组别			组长	
组员姓名				
材料清单	元件：S7-1200 CPU 1214C DC/DC/RLY、24 V稳压源、按钮、交流异步电动机、交流接触器、指示灯、限位开关等； 工具：一字改锥、十字改锥、万用表、剥线钳、压线钳； 耗材：导线、线针		实施场地	
任务要求	完成延时装卸料控制的硬件接线、程序设计与调试。 要求：首先进行小车复位，按下复位按钮，小车左行回到左限位位置，复位完成。复位过程中，复位指示灯以1 Hz频率闪烁。复位完毕，复位指示灯转常亮。 按下启动按钮，运料小车原地等待10 s，完成装料。装料后小车自动启动右行，到达右限位，完成卸料，5 s后自动返回。循环上述过程。运行过程中，运行指示灯点亮，复位指示灯熄灭。 按下停止按钮，小车就地停止，运行指示灯熄灭			
资讯与参考				
决策与方案				
实施步骤与过程记录				

任务名称	延时装卸料控制		完成时长		
检查与评价	自我检查记录				
	结果记录				
文档清单	列写本任务完成过程中涉及的所有文档，并提供纸质或电子文档。				
	序号	文档名称	电子文档存储路径	完成时间	负责人
	1				
	2				

考核评价单

任务名称	延时装卸料控制	验收结论	
验收负责人		验收时间	
验收成员			
材料清单	S7-1200 CPU 1214C DC/DC/RLY、24 V 稳压源、按钮、交流异步电动机、交流接触器、指示灯、限位开关等	费用核算	
任务要求	首先进行小车复位：复位按钮按下后，小车左行回到左限位位置，复位完成。复位过程中，复位指示灯以 1 Hz 频率闪烁。复位完毕，复位指示灯转常亮。 　　按下启动按钮，运料小车原地等待 10 s，完成装料。装料后小车自动启动右行，到达右限位，完成卸料，5 s 后自动返回。循环上述过程。 　　运行过程中，运行指示灯点亮，复位指示灯熄灭。 　　停止按钮按下后，小车就地停止，运行指示灯熄灭		
方案确认			
实施过程确认			

验收要点	评价列表	验收要点	配分	得分
	素养评价	纪律（无迟到、早退、旷课）	10	
		安全规范操作，符合 5S 管理	10	
		团队协作能力、沟通能力	10	
	工程技能	能正确应用 TON 指令	10	
		能正确应用 TONR 指令	10	
		能正确应用指令构成脉冲发生器	20	
		程序编写规范、正确，能下载调试	10	
		操作控制按钮，能实现延时装料	20	
		总评得分		

任务名称	延时装卸料控制	验收结论	
效果评价	1. 目标完成情况 2. 知识技能增值点 3. 存在问题及改进方向		

文档接收清单	列写本任务完成过程中涉及的所有文档，并提供纸质或电子文档。		

序号	文档名称	接收人	接收时间
1			
2			

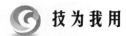 **技为我用**

洗衣机通过滚筒的正/反转完成洗涤流程，按下启动按钮，洗衣机开始洗涤，洗涤指示灯点亮，洗涤时正转 30 s，反转 30 s，如此循环反复清洗 10 min。10 min 后洗涤指示灯熄灭，滚筒正转脱水 1 min，脱水指示灯亮。1 min 后洗衣结束，脱水指示灯熄灭。系统还设置有一个急停按钮，按动急停按钮可立即停止工作。请给出合理的解决方案。

进阶测试

一、填空题

1. S7-1200 PLC 中的 IEC 定时器指令有 4 种类型，分别是（　　）、（　　）、（　　）、（　　）。

2. TON 接通延时定时器启动后，当前值不小于预设时间时，输出 Q（　　）。

3. TON 接通延时定时器的 IN 输入电路断开时，当前时间 ET（　　）；TONR 时间累加器的 IN 输入电路断开时，当前时间 ET（　　）。

二、单选题

1. 只有（　　）才能复位 TONR。

A. R 指令 　　　　　　　　　　　　　　B. 复位端接通

C. 输入端接通 　　　　　　　　　　　　D. 当前值大于等于预设值

2. 执行图 2.1-24 所示程序，则（　　）。

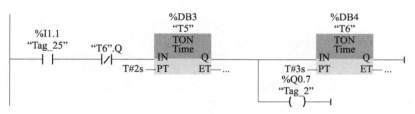

图 2.1-24　程序

A. I1.1 接通后，Q0.7 灭 2 s 亮 3 s 循环

B. I1.1 接通后，Q0.7 亮 2 s 灭 3 s 循环

C. I1.1 接通后，Q0.7 灭 2 s 亮 3 s

D. I1.1 接通后，Q0.7 亮 2 s 灭 3 s

任务 2.2 运输带顺序启停控制

TOF

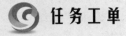 任务工单

任务名称	运输带顺序启停控制	预计时间	120 min
材料清单	元件：S7-1200 CPU 1214C DC/DC/RLY、24 V 稳压源、按钮、交流异步电动机、交流接触器等； 工具：一字改锥、十字改锥、万用表、剥线钳、压线钳； 耗材：导线、线针	实施场地	PLC 控制柜、动力电源 （教学过程中可改在具备条件的实训室）
任务描述	设计一个运输带控制项目，两条运输带按顺序相连，为了避免运送的物料在 1 号运输带上堆积，按下启动按钮，1 号运输带开始运行，8 s 后 2 号运输带再自动启动。按下停止按钮，2 号运输带停止运行，8 s 后 1 号运输带再停止运行		
素质目标	（1）通过多指令总结与对比培养学生多种方式解决问题的严谨思维； （2）通过程序调试纠错改错过程培养学生精益求精的工匠精神； （3）通过素养评价潜移默化培养学生的基本职业素养		
知识目标	（1）掌握 S7-1200 的关断延时定时器 TOF 的工作原理； （2）掌握 S7-1200 的脉冲定时器 TP 的工作原理； （3）总结与对比定时器指令		
能力目标	（1）能应用关断延时定时器 TOF 指令、脉冲定时器 TP 指令进行程序编写； （2）能用数据类型为 IEC_ TIMER 的变量提供背景数据； （3）能进行函数块的多重背景应用		
资讯	S7-1200 用户手册 自动化网站等		

知识点 1：关断延时定时器 TOF 指令

关断延时定时器的指令标识为 TOF，指令格式如图 2.2-1 所示。关断延时定时器可以用于设备停机后的延时，如大型变频电动机冷却风扇的延时等。

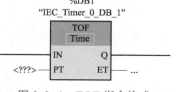

图 2.2-1　TOF 指令格式

关断延时定时器应用实例如图 2.2-2 所示。IN 输入电路接通时，输出 Q 为 1 状态，当前时间被清零。IN 输入电路由接通变为断开时，即在 IN 的下降沿开启延时，当前时间 ET 从 0 ms 逐渐增大。当前时间等于预设值时，输出 Q 变为 0 状态，当前时间保持不变，直到 IN 输入电路接通，如图 2.2-3 中的波形 A，图 2.2-3 中的波形 B、C、D 表达了 TOF 指令的其他工作状态。

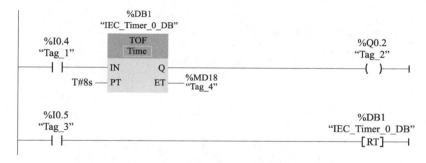

图 2.2-2　关断延时定时器应用实例

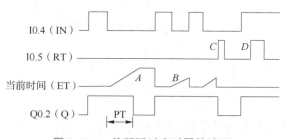

图 2.2-3　关断延时定时器的波形

知识点 2：脉冲定时器 TP 指令

脉冲定时器的指令标识为 TP，指令格式如图 2.2-4 所示。脉冲定时器可生成具有预设宽度的时间脉冲。

如图 2.2-5 所示，TP 脉冲定时器可以实现输出时间宽度为 10 s 的脉冲。

在 IN 输入信号的上升沿启动 TP 指令，Q 输出变为 1 状态，ET 从 0 ms 开始不断增大，达到 PT 预设的时间时，Q 输出变为 0 状态，此时如果 IN 输入信号仍为 1 状态，则当前时间值保持不变，如图 2.2-6 中的波形 A，如果 IN 输入变为 0 状态，则当前时间变为 0 s，如图 2.2-6 中的波形 B。IN 输入的脉冲宽度可以小于预设值，在脉冲输出期间，即使 IN 输入出现下降沿和上升沿，也不会影响脉冲的输出。

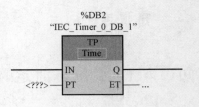

图 2.2-4　TP 指令格式

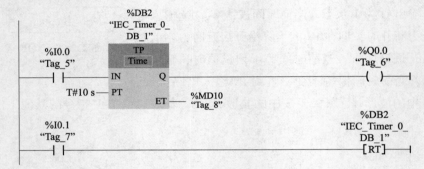

图 2.2-5　脉冲定时器实用实例

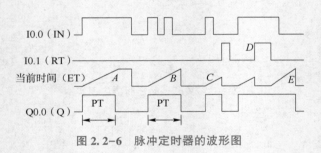

图 2.2-6　脉冲定时器的波形图

🎯 工具箱

技能点 1：定时器使用全局数据块的 IEC_TIMER 变量

使用两种定时器指令设计高铁延时冲水马桶程序。要求按下冲水按钮 I0.0，马桶等待 2 s 后，再控制冲水电磁阀 Q0.0 冲水 4 s。

（1）添加一个名称为"定时器"的全局 DB 块。

（2）在定时器 DB1 中生成数据类型为 IEC_TIMER 的变量 T1、T2、T3 等（图 2.2-7），用它们提供定时器的背景数据。展开 T1 后看到类型为 IEC_TIMER 的变量结构。

（3）将 TON 方框指令拖放到程序区后，单击方框上面的 <???>，再单击出现的小方框

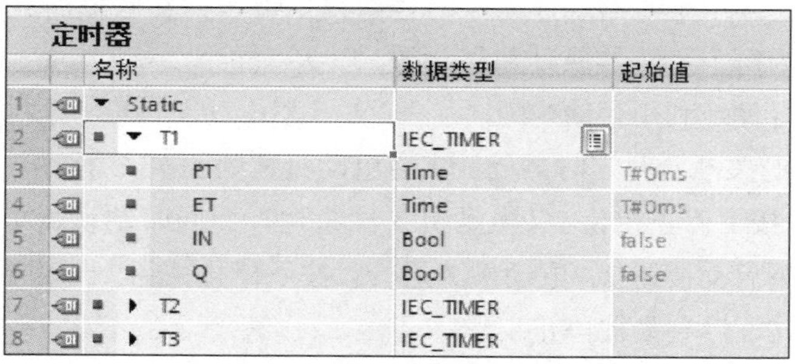

图 2.2-7　定时器背景数据

右边的 ▦ 按钮，单击出现的"地址"列表中的"定时器"，然后再单击"地址"列表中的"T1"，地址域出现"定时器".T1，单击地址列表中的"无"，指令列表消失，将此定时器 T1 用作马桶等待 2 s 的延时。使用 TP 方框指令用作冲水电磁阀 Q0.0 冲水 4 s，再用同样的方法为 TP 提供背景数据。

梯形图程序如图 2.2-8 所示。

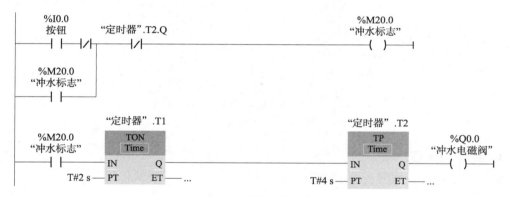

图 2.2-8　延时冲水马桶程序

从 I0.0 的上升沿（按下冲水按钮）开始，接通延时定时器 TON 延时 2 s，2 s 后 TON 的 Q 输出变为 1 状态，使脉冲定时器 TP 的 IN 输入信号变为 1 状态，TP 输出 4 s 脉冲，即冲水 4 s。

技能点 2：用于定时器（计数器）的多重背景

IEC 定时器指令和 IEC 计数器指令调用时都需要指定一个背景数据块，如果这类指令很多，将会生成大量的数据块碎片。为了解决这个问题，在函数块中使用定时器、计数器指令时，可以在函数块的接口区定义数据类型为 IEC_TIMER（IEC 定时器）或 IEC_COUNTER（IEC 计数器）的静态变量，如图 2.2-9 中的静态变量"定时器 DB"，这些静态变量可以为数据块中使用的定时器和计数器提供背景数据，这种程序结构称为多重背景。

采用多重背景，多个定时器或计数器的背景数据被包含在它们所在的函数块的背景数据块中，而不需要为每个定时器或计数器设置一个单独的背景数据块。因此，减少了处理数据的时间，能更合理地利用存储空间。

例如，使用 TOF 关断延时定时器设计多台电动机控制的 PLC 程序。要求按下启动按钮1，电动机 1 运行；按下停止按钮 1，电动机 1 停止运行，同时制动器 1 启动，10 s 后制动器 1 停止工作。按下启动按钮 2，电动机 2 运行；按下停止按钮 2，电动机 2 停止运行，同时制动器 2 启动，10 s 后制动器停止工作。

1. 生成函数块

生成名称为"电动机控制"的函数块 FB1。

2. 生成 FB1 的局部变量

打开 FB1，在函数块的接口区生成局部变量，如图 2.2-9 所示。

		名称	数据类型	默认值
1	▼	Input		
2	■	启动按钮	Bool	false
3	■	停止按钮	Bool	false
4	■	定时时间	Time	T#0ms
5	▼	Output		
6	■	制动器	Bool	false
7	▼	InOut		
8	■	电动机	Bool	false
9	▼	Static		
10	▶	定时器DB	IEC_TIMER	

图 2.2-9　FB1 接口区

3. 编写 FB1 程序

编写 FB1 程序，如图 2.2-10 所示。

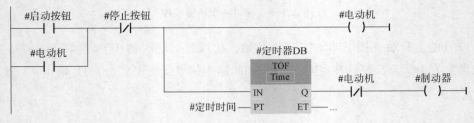

图 2.2-10　FB1 的程序

4. 生成函数块的多重背景

为了实现多重背景，生成一个名为"多台电动机控制的"函数块 FB2。在它的块接口区生成两个数据类型为"电动机控制"的静态变量"1 号电动机"和"2 号电动机"。每个静态变量内部的输入参数、输出参数等局部变量是自动生成的，与 FB1"电动机控制"的相同，如图 2.2-11 所示。

双击打开 FB2，调用 FB1"电动机控制"，出现"调用选项"对话框（图 2.2-12），单

多台电动机控制				
	名称		数据类型	默认值
1	▶ Input			
2	▶ Output			
3	▶ InOut			
4	▼ Static			
5	▼ 1号电动机		"电动机控制"	
6	▼ Input			
7	启动按钮		Bool	false
8	停止按钮		Bool	false
9	定时时间		Time	T#0ms
10	▼ Output			
11	制动器		Bool	false
12	▼ InOut			
13	电动机		Bool	false
14	▼ Static			
15	▶ 定时器DB		IEC_TIMER	
16	▶ 2号电动机		"电动机控制"	
17	▶ Temp			
18	▶ Constant			

图 2.2-11　FB2 的块接口区

击选中的多重背景 DB，单击下拉菜单，选中列表中的"1 号电动机"，用 FB2 的静态变量"1 号电动机"提供名为"电动机控制"的 FB1 的背景数据。用同样的方法在 FB2 中再次调用 FB1，用 FB2 的静态变量"2 号电动机"提供 FB1 的背景数据。在 FB2 中两次调用 FB1，如图 2.2-13 所示。

图 2.2-12　在 FB2 中调用 FB1 对话框

5. 在 OB1 中调用 FB2 程序

在 OB1 中调用 FB2"多台电动机控制"（图 2.2-14），其背景数据块为"电动机控制 DB"。FB2 的背景数据块与 FB2 的接口区均只有静态变量"1 号电动机"和"2 号电动机"。两次调用 FB1 的背景数据都在 FB2 的背景数据块 DB 中。通过此程序设计，可以令两台设备启动、停车和制动延时。

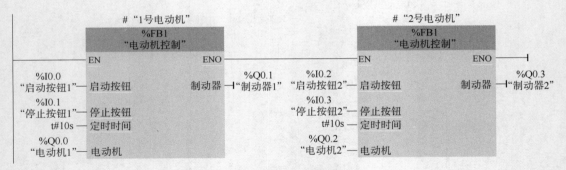

图 2.2-13　在 FB2 中两次调用 FB1 程序

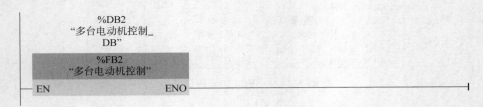

图 2.2-14　在 FB2 中两次调用 FB1 程序

🎯 实 施 引 导

1. 任务分析

运输带控制项目示意图如图 2.2-15 所示。两条运输带分别由两个交流异步电动机驱动。电动机主线路如图 2.2-16 所示，其中接触器 KM1 与接触器 KM2 的线圈由两个 PLC 的数字量输出点控制。

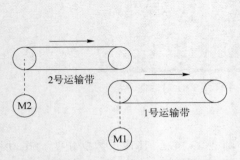

图 2.2-15　运输带控制项目示意图

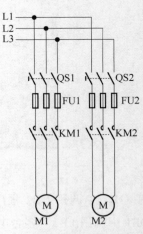

图 2.2-16　运输带控制项目主线路

2. 编辑变量表

变量表如图 2.2-17 所示。

		名称	数据类型	地址
1		启动按钮	Bool	%I0.0
2		接触器KM1	Bool	%Q0.0
3		停止按钮	Bool	%I0.1
4		接触器KM2	Bool	%Q0.1
5		启动标志	Bool	%M1.2

默认变量表

图 2.2-17 PLC 变量表

3. 示例程序

示例程序如图 2.2-18 所示。

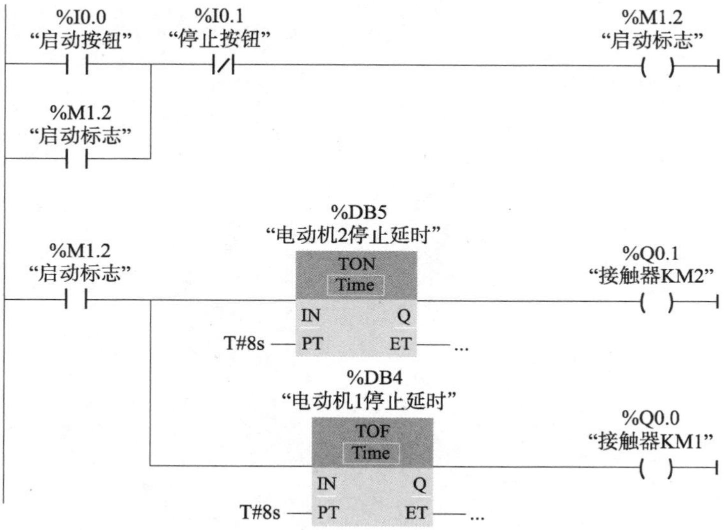

图 2.2-18 运输带控制梯形图程序

下载程序到 PLC，运行程序。操作控制按钮，观察运行结果。

任 务 实 施 记 录 单

任务名称	运输带顺序启停控制		完成时长	
组别			组长	
组员姓名				
材料清单	元件：S7-1200 CPU 1214C DC/DC/RLY、24 V 稳压源、按钮、交流异步电动机、交流接触器等； 　　工具：一字改锥、十字改锥、万用表、剥线钳、压线钳； 　　耗材：导线、线针		实施场地	
任务要求	设计一个运输带控制项目，两条运输带按顺序相连，为了避免运送的物料在 1 号运输带上堆积，按下启动按钮，1 号运输带开始运行，8 s 后 2 号运输带再自动启动。按下停止按钮，2 号运输带停止运行，8 s 后 1 号运输带再停止运行			
资讯与参考				
决策与方案				
实施步骤与过程记录				

续表

任务名称	运输带顺序启停控制		完成时长	
检查与评价	自我检查记录			
	结果记录			
文档清单	列写本任务完成过程中涉及的所有文档，并提供纸质或电子文档。			
	序号	文档名称	电子文档存储路径	完成时间	负责人
	1				
	2				

考核评价单

任务名称	运输带顺序启停控制	验收结论	
验收负责人		验收时间	
验收成员			
材料清单	S7-1200 CPU 1214C DC/DC/RLY、24 V 稳压源、按钮、交流异步电动机、交流接触器等	费用核算	
任务要求	设计一个运输带控制项目，两条运输带按顺序相连，为了避免运送的物料在 1 号运输带上堆积，按下启动按钮，1 号运输带开始运行，8 s 后 2 号运输带再自动启动。按下停止按钮，2 号运输带停止运行，8 s 后 1 号运输带再停止运行		
方案确认			
实施过程确认			

验收要点	评价列表	验收要点	配分	得分
	素养评价	纪律（无迟到、早退、旷课）	10	
		安全规范操作，符合 5S 管理	10	
		团队协作能力、沟通能力	10	
	工程技能	能正确应用 TOF 指令	10	
		能正确应用 TP 指令	10	
		能正确编写传输带顺序启停控制程序	10	
		能进行程序调试	10	
		能上传下载程序	10	
		能根据任务要求完成传输带顺序启停	20	
		总评得分		

续表

任务名称	运输带顺序启停控制	验收结论	
效果评价	1. 目标完成情况 2. 知识技能增值点 3. 存在问题及改进方向		

文档接收清单	列写本任务完成过程中涉及的所有文档，并提供纸质或电子文档。		

列写本任务完成过程中涉及的所有文档，并提供纸质或电子文档。

序号	文档名称	接收人	接收时间
1			
2			

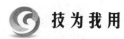 技 为 我 用

设计一个楼道照明灯的控制程序。有人进入楼道后，声控灯接通，发光 30 s，如果在这段时间内又有人进入，则时间间隔重新开始计时。这样可确保灯光维持 30 s 为最后进入者提供照明。

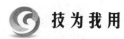 进 阶 测 试

一、填空题

1. TOF 启动后，当前值增长到预设时间时，输出 Q 变为（　　　）。

2. 关断延时定时器的启动条件是（　　　）。

二、单选题

1. 如图 2.2-19 所示程序，下面描述正确的是（　　　）。

A. I0.0 由 OFF 变为 ON 时，Q0.0 接通 10 s

B. I0.0 由 ON 变为 OFF 时，Q0.0 接通 10 s

C. I0.0 由 OFF 变为 ON 时，Q0.0 接通，I0.0 由 ON 变为 OFF 时，Q0.0 延时 10 s 断开

D. I0.0 由 ON 变为 OFF 时，Q0.0 接通，I0.0 由 OFF 变为 ON 时，Q0.0 断开

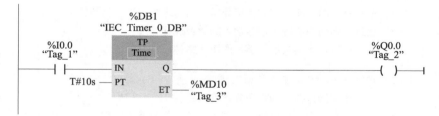

图 2.2-19　梯形图程序

2. 如图 2.2-20 所示程序，I0.4 为开关，Q0.2 为连接的小灯，下面描述正确的是（　　　）。

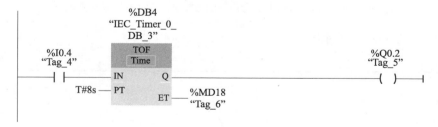

图 2.2-20　梯形图程序

A. 开关 I0.4 闭合，小灯点亮，开关分断，小灯熄灭

B. 开关 I0.4 闭合，8 s 后小灯点亮，开关分断，小灯立刻熄灭

C. 开关 I0.4 闭合，小灯不亮，开关分断，小灯 8 s 后点亮

D. 开关 I0.4 闭合，小灯点亮，开关分断，小灯 8 s 后熄灭

任务 2.3 报警电路设计

TP 指令

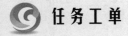 任务工单

任务名称	报警电路设计	预计时间	100 min
材料清单	元件：S7-1200 CPU 1214C DC/DC/RLY、24 V 稳压源、按钮、限位开关、指示灯、蜂鸣器等； 工具：一字改锥、十字改锥、万用表、剥线钳、压线钳； 耗材：导线、线针	实施场地	PLC 控制柜、动力电源 （教学过程中可改在具备条件的实训室）
任务描述	水箱缺水报警电路：当水箱水过少时，低限位开关变为接通，蜂鸣器开始鸣叫，同时报警灯开始闪烁（灭 3 s 亮 2 s 循环），当复位按钮接通时，蜂鸣器停止鸣叫和报警灯停止闪烁		
素质目标	（1）通过程序的不断调试完善培养学生精益求精的工匠精神； （2）通过实际问题的解决培养学生的学习迁移思维； （3）通过小组任务实施培养学生的团队精神		
知识目标	（1）理解 S7-1200 的基本数据类型； （2）掌握比较操作指令的程序分析方法； （3）掌握值在范围内与值超出范围指令的功能及编程应用		
能力目标	（1）能够正确应用比较操作指令编写控制程序； （2）能够应用比较指令和定时器构成闪烁电路； （3）能够应用值在范围内与值超出范围指令和定时器构成报警电路		
资讯	S7-1200 用户手册 自动化网站等		

 **知 识 库**

知识点 1：S7-1200 的基本数据类型

数据类型用来描述数据的长度（即二进制的位数）和属性。不同指令使用不同长度的数据对象，如位逻辑指令使用位数据，比较指令使用字节、字和双字。表 2.3-1 给出了基本数据类型的属性。

表 2.3-1　基本数据类型

变量类型	符号	位数	取值范围	常数举例
位	Bool	1	1、0	TRUE、FALSE 或 1、0
字节	Byte	8	16#00～16#FF	16#12,16#AB
字	Word	16	16#0000～16#FFFF	16#ABCD,16#0001
双字	DWord	32	16#00000000～16#FFFFFFFF	16#02468ACE
短整数	SInt	8	−128～127	123,−123
整数	Int	16	−32 768～32 767	12 573,−12 573
双整数	DInt	32	−2 147 483 648～2 147 483 647	12 357 934,−12 357 934
无符号短整数	USInt	8	0～255	123
无符号整数	UInt	16	0～65 535	12 321
无符号双整数	UDInt	32	0～4 294 967 295	1 234 586
浮点数（实数）	Real	32	$\pm1.175\,495\times10^{-38}\sim\pm3.402\,823\times10^{38}$	12.45,−2.4,3.4E−3
长浮点数	LReal	64	$\pm2.2\,250\,738\,585\,072\,020\times10^{-308}$ $\sim\pm1.7\,976\,931\,348\,623\,157\times10^{308}$	12 345.123 456,−1.2E+40
时间	Time	32	T#−24d20h31m23s648ms～ T#24d20h31m23s647ms	T#10d20h30m20s630ms
日期	Date	16	D#1990−1−1～ D#2168−12−31	D#2019−10−13
实时时间	Time_of_Day	32	TOD#0：0：0.0～ TOD#23：59：59.999	TOD#10：20：30.400
长格式日期和时间	DTL	12B	最大 DTL#2262−04−11：23：47：16.854 775 807	DTL#2016−10−16−20：30：20.400
字符	Char	8	16#00～16#FF	'A', 't'
字符串	String	n+2B	n＝0～254B	STRING# 'NAME'

（1）字节（Byte）由 8 位二进制数组成，B 是 Byte 的缩写。

（2）字（Word）由相邻的两个字节组成，如字 MW100 由字节 MB100 和 MB101 组成。MW100 中的 M 为区域标识符，W 表示字。

（3）双字（DWord）由两个字（或 4 个字节）组成，双字 MD100 由字节 MB100~MB103 或字 MW100、MW102 组成（图 2.3-1），D 表示双字。需注意以下两点。

①用组成双字的编号最小的字节 MB100 的编号作为双字 MD100 的编号。

②组成双字 MD100 的编号最小的字节 MB100 为 MD100 的最高位字节，编号最大的字节 MB103 为 MD100 的最低位字节。字也有类似的特点。

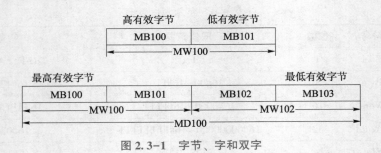

图 2.3-1　字节、字和双字

知识点 2：CMP 比较指令

比较指令用来比较数据类型相同的两个操作数的大小。比较指令的指令标识是 CMP，其指令格式如图 2.3-2 所示。上下的问号是用来比较的两个操作数，操作数可以是 I、Q、M、L、D 存储区中的变量或常数。

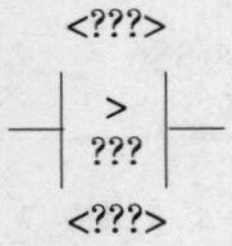

图 2.3-2　比较指令格式

S7-1200 中的 CMP 比较指令共有 6 个（图 2.3-3），比较条件可以是"＝＝"等于、"<>"不等于、"<="小于等于、">="大于等于、"<"小于、">"大于。满足比较关系式给出的条件时，比较触点接通。

生成比较指令后，双击触点中间比较条件下方的问号，可以选择比较数的数据类型。数据类型可以是位字符串、整数、浮点数、字符串、Time、Date 等（图 2.3-4）。双击比较符号可以修改比较符号。

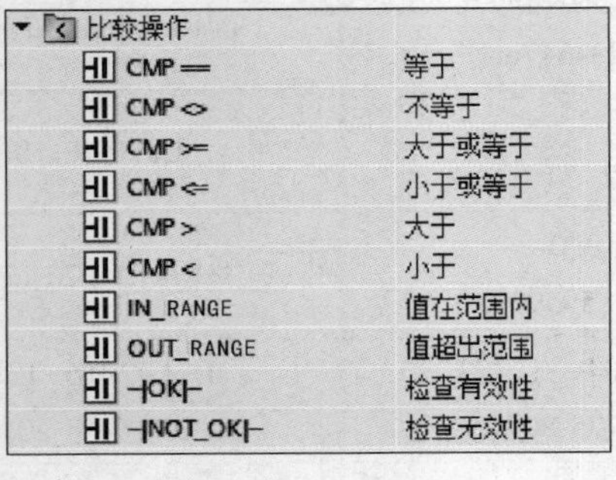

图 2.3-3　比较条件

图 2.3-4　比较的数据类型

比较指令的应用如图 2.3-5 所示，当 MW100 中的数值不小于 34 且不大于 134 时，比较触点接通，线圈 Q0.3 接通，运行指示灯点亮。

图 2.3-5　比较指令的应用

知识点 3：IN_RANGE 与 OUT_RANGE 指令

"值在范围内"指令 IN_RANGE（图 2.3-6）与"值超出范围"指令 OUT_RANGE（图 2.3-7），其中 MIN 是范围的最小值，MAX 是范围的最大值，VAL 是给定的操作数。注意，MIN、MAX 和 VAL 的数据类型必须相同，可选整数和实数，可以是 I、Q、M、L、D 存储区中的变量或常数。

图 2.3-6　值在范围内指令　　　　图 2.3-7　值超出范围指令

"值在范围内"指令用来判断操作数是否在范围内，在范围内时，等效触点闭合，指令输出状态为 1。"值超出范围"指令用来判断操作数不在范围内时，等效触点闭合，指令输出状态为 1。

"值在范围内"指令与"值超出范围"指令的应用如图 2.3-8 所示，当 IN_RANGE 指令的参数 VAL 满足 3 752≤MW22≤27 535，或 OUT_RANGE 指令的参数 VAL 满足 MB20<24 或 MB20>124 时，等效触点闭合，线圈 Q0.0 中有信号流流通。

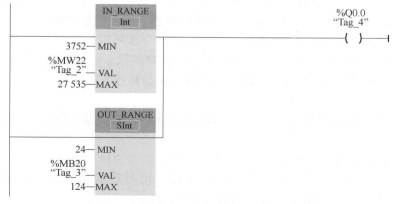

图 2.3-8　值在范围内与值超出范围指令的应用

工具箱

技能点 1：比较指令和定时器构成闪烁电路

使用比较指令和定时器构成闪烁电路，要求开关 I0.0 接通时，指示灯 Q0.0 灭 4 s 亮 6 s、灭 4 s 亮 6 s，循环闪烁。波形如图 2.3-9 所示。

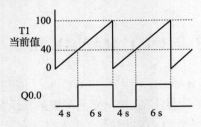

图 2.3-9　闪烁电路波形

在本例程序中，当 I0.0 开关接通后，用定时器 T1 设置输出 10 s 的时间（脉冲宽度），Q0.0 的闪烁由定时器当前值与 4 s 进行比较，梯形图如图 2.3-10 所示。

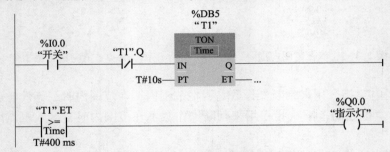

图 2.3-10　比较指令与定时器构成闪烁电路梯形图

I0.0 开关接通后，TON 的当前值 ET 从 0 ms 开始不断增大。根据比较条件，"T1".ET 不小于 400 ms 时，Q0.0 变为 1 状态，10 s 时间到，"T1".Q 变为 1 状态，其常闭触点断开，定时器被复位，"T1".ET 变为 0，Q0.0 又变为 0 状态。下一扫描周期 "T1".Q 常闭触点再接通，定时器又开始定时，则 Q0.0 的输出灭 4 s 亮 6 s 循环闪烁。

Q0.0 为 1 状态的时间取决于比较触点下方操作数的值，改变此值即可改变脉冲宽度，因此用接通延时定时器和比较指令可组成占空比可调的脉冲发生器。

技能点 2：IN_RANGE 与 OUT_RANGE 指令和定时器构成闪烁电路

分别使用值在范围内与值超出范围指令改写技能点 1 的梯形图程序。

使用值在范围内指令和定时器构成闪烁电路，定时器的当前值 MD100 处于 MIN 和 MAX 之间时，Q0.0 为 1 状态，梯形图如图 2.3-11 所示。

使用值超出范围指令和定时器构成闪烁电路，定时器的当前值 MD100 处于 MIN 和 MAX 之外时 Q0.0 为 1 状态，梯形图如图 2.3-12 所示。

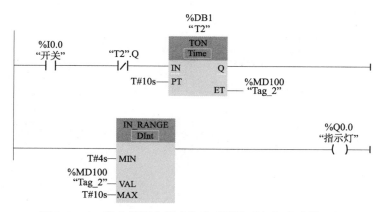

图 2.3-11　值在范围内指令与定时器构成闪烁电路梯形图

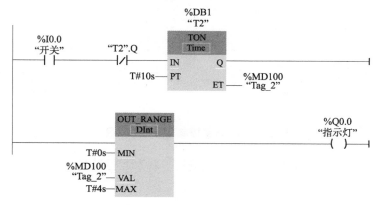

图 2.3-12　值在范围外指令与定时器构成闪烁电路梯形图

实施引导

1. 任务分析

水箱水过少时，低限位开关接通启动报警电路。

使用比较指令和定时器构成闪烁电路，控制报警灯灭 3 s 亮 2 s 循环闪烁，同时蜂鸣器鸣叫。当复位按钮接通时，蜂鸣器停止鸣叫和报警灯停止闪烁。

综上所述，报警控制项目总共有 2 个数字量输入信号，2 个数字量输出信号。本任务选择 S7-1200 CPU 1214C AC/DC/RLY。

2. 编辑变量表

变量表如图 2.3-13 所示。

	名称	数据类型	地址
1	低限位开关	Bool	%I0.0
2	复位按钮	Bool	%I0.1
3	报警灯	Bool	%Q0.0
4	蜂鸣器	Bool	%Q0.1
5	启动标志	Bool	%M10.0

图 2.3-13　PLC 变量表

3. 梯形图程序

梯形图程序如图 2.3-14 所示。

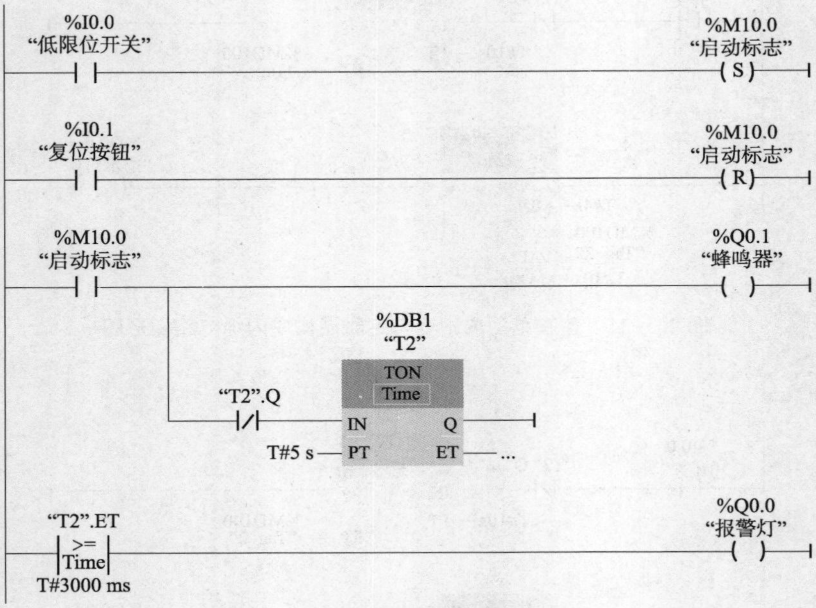

图 2.3-14　报警控制项目梯形图程序

下载程序到 PLC，运行程序。操作控制按钮，观察运行结果。

任 务 实 施 记 录 单

任务名称	报警电路设计	完成时长	
组别		组长	
组员姓名			
材料清单	元件：S7-1200 CPU 1214C DC/DC/RLY、24 V 稳压源、按钮、限位开关、指示灯、蜂鸣器等； 　工具：一字改锥、十字改锥、万用表、剥线钳、压线钳； 　耗材：导线、线针	实施场地	
任务要求	设计一个水箱缺水报警电路，要求当水箱水过少时，低限位开关变为接通，蜂鸣器开始鸣叫，同时报警灯开始闪烁（灭3 s亮2 s循环）。当复位按钮接通时，蜂鸣器停止鸣叫和报警灯停止闪烁		
资讯与参考			
决策与方案			
实施步骤与过程记录			

续表

任务名称	报警电路设计		完成时长	
检查与评价	自我检查记录			
	结果记录			
文档清单	列写本任务完成过程中涉及的所有文档，并提供纸质或电子文档。			
	序号	文档名称	电子文档存储路径	完成时间	负责人
	1				
	2			~	

考核评价单

任务名称	报警电路设计		验收结论	
验收负责人			验收时间	
验收成员				
材料清单	元件：S7 - 1200 CPU 1214C DC/DC/RLY、24 V 稳压源、按钮、限位开关、指示灯、蜂鸣器等； 工具：一字改锥、十字改锥、万用表、剥线钳、压线钳； 耗材：导线、线针		费用核算	
任务要求	设计一个水箱缺水报警电路，要求当水箱水过少时，低限位开关变为接通，蜂鸣器开始鸣叫，同时报警灯开始闪烁（灭 3 s 亮 2 s 循环），当复位按钮接通时，蜂鸣器停止鸣叫和报警灯停止闪烁			
方案确认				
实施过程确认				

验收要点	评价列表	验收要点	配分	得分
	素养评价	纪律（无迟到、早退、旷课）	10	
		安全规范操作，符合 5S 管理	10	
		团队协作能力、沟通能力	10	
	工程技能	能正确应用数据类型	10	
		能正确应用 CMP 指令	10	
		能正确编写闪烁电路	10	
		能进行程序调试	10	
		能上传下载程序	10	
		能根据任务创新闪烁电路编写方法	20	
		总评得分		

任务名称	报警电路设计		验收结论	
效果评价	1. 目标完成情况 2. 知识技能增值点 3. 存在问题及改进方向			
文档接收清单	列写本任务完成过程中涉及的所有文档，并提供纸质或电子文档。			

<table>
<tr><td>序号</td><td>文档名称</td><td>接收人</td><td>接收时间</td></tr>
<tr><td>1</td><td></td><td></td><td></td></tr>
<tr><td>2</td><td></td><td></td><td></td></tr>
<tr><td></td><td></td><td></td><td></td></tr>
<tr><td></td><td></td><td></td><td></td></tr>
<tr><td></td><td></td><td></td><td></td></tr>
</table>

技为我用

设计一个十字路口交通灯控制方案。信号灯受一个启动开关控制，当启动开关断开时，所有信号灯都熄灭；接通启动开关，信号灯系统开始工作：一方向红灯点亮并维持 25 s，同时另一方向绿灯点亮 20 s 后，绿灯闪亮 3 s 熄灭，点亮黄灯，并维持 2 s。之后交通灯切换方向。周而复始。十字路口交通灯示意图如图 2.3-15 所示。

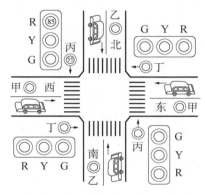

图 2.3-15　十字路口交通灯控制

进阶测试

一、填空题

1. 两个比较数 IN1 与 IN2 分别为 25 与 35，比较条件是"小于"，若输入条件为 ON，那么比较触点状态为（　　）。

2. 执行图 2.3-16 所示程序，设 MW100 中的数为 150，则 Q0.7 为（　　）。

图 2.3-16　梯形图程序

二、单选题

以下（　　）是正确的 S7-1200 PLC 比较指令可用的比较条件。

A. ＜　　　　　　　　B. ≤　　　　　　　　C. ≥　　　　　　　　D. ≠

三、多选题

执行图 2.3-17 所示程序，Q1.0 接指示灯，则以下说法正确的是( )。

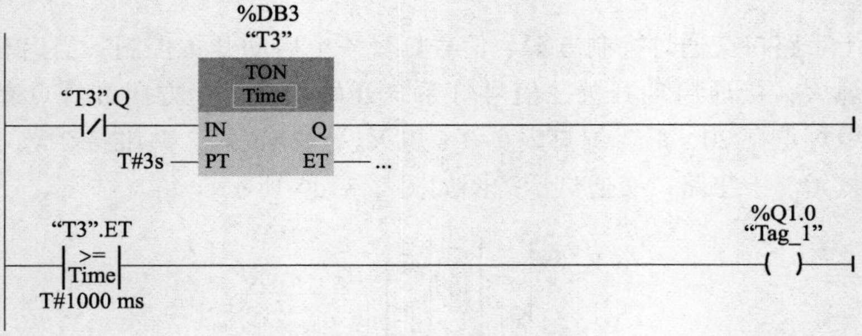

```
                    %DB3
                    "T3"
                    TON
                    Time
   "T3".Q
   ─┤/├──────  IN        Q  ──────────────────────────────
      T#3s ─── PT        ET ──  ...

   "T3".ET                                        %Q1.0
   ─┤>=├───                                       "Tag_1"
     Time                                         ─( )─
   T#1000 ms
```

图 2.3-17 梯形图程序

A. 小灯灭 1 s 亮 2 s 循环

B. 小灯灭 2 s 亮 1 s 循环

C. ET≤1 s 时，小灯亮

D. 1 s≤ET 到≤3 s 时，小灯亮

四、判断题

比较指令只能用于比较两个相同数据类型的数。( )

项目 3

生产过程数据记录与处理

岗课赛证融通要求

智能制造工程技术人员国家职业技术技能标准		
工作内容	专业能力要求	相关知识要求
3.2 安装、调试、部署和管控智能装备与产线	3.2.3 能进行智能装备与产线的现场安装、调试、网络与系统部署	3.2.4 智能装备与产线现场安装、调试与部署技术，包括通信、数据采集、数据标定、标识解析等 3.2.6 传感器应用、PLC 技术、工艺规划、网络安全知识
可编程控制器系统应用编程职业技能等级标准		
工作领域	工作任务	技能要求
3. 可编程控制器系统编程	3.1 可编程控制器基本逻辑指令编程	3.2.1 能够使用触点比较指令完成程序编写 3.2.2 能够使用数据传送指令完成程序编写 3.2.3 能够使用数据运算指令完成程序编写 3.2.4 能够使用数据比较指令完成程序编写
全国职业院校技能大赛高职组"工业网络智能控制与维护"赛项		
任务四：工业网络智能控制系统调试 （2）大钢珠装配 流程开始，在大钢珠装配位置前放置瓶体，单击触摸屏（HMI）"装配自动运行"按钮，大钢珠装配位的挡停 2 伸出，物料传输系统将瓶体运送到大钢珠装配位，物料传送系统停止；装配大钢珠 2 颗；装配完成后，挡停 2 缩回，物料传送系统再次启动；瓶体离开大钢珠装配位，传送带停止，流程结束。		

项目引入

生产过程中会产生大量的数据，包括模拟量数据（如温度值）与开关量数据（如光电传感器计数信号）两种。本项目只针对开关量数据进行介绍。数据的统计离不开计数，数据的处理与分析需要使用数学运算。本项目分为 2 个任务。

项目3 生产过程数据记录与处理 —— 任务3.1 传送带产品计数
任务3.2 产品出入库统计

任务 3.1　传送带产品计数

CTU 指令

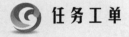 任务工单

任务名称	传送带产品计数	预计时间	120 min
材料清单	元件：S7-1200 CPU 1214C DC/DC/RLY、24 V 稳压源、按钮、交流接触器、光电检测开关、指示灯、限位开关等； 工具：一字改锥、十字改锥、万用表、剥线钳、压线钳； 耗材：导线、线针	实施场地	PLC 控制柜、动力电源 （教学过程中可改在具备条件的实训室）
任务描述	按下启动按钮，传送带开始运行。牛奶盒通过传送带运送，每 12 盒为一箱。用光电开关检测传送带上通过的产品并计数，有产品通过时光电开关接通，每 12 盒产生一个打包信号。如果在 10 s 内没有产品通过，发出报警信号，用外接的复位按钮解除报警信号。按下停止按钮，传送带停止运行，牛奶盒停止计数打包		
素质目标	（1）通过计数器新知学习、任务实施培养学生学以致用的务实精神； （2）通过小组任务实施培养学生团结协作的职业素养； （3）通过实际问题解决培养学生解决问题的职业素养		
知识目标	（1）掌握 S7-1200 计数器指令的工作原理； （2）掌握加计数器 CTU 指令、减计数器 CTD 指令、加减计数器 CTUD 指令的功能及编程应用； （3）掌握计数器指令的程序分析方法		
能力目标	（1）能够正确应用计数器指令编写控制程序； （2）能用计数器指令设计会议厅人数统计报警装置； （3）能正确应用边沿指令		
资讯	S7-1200 用户手册 自动化网站		

知识库

知识点 1：计数器指令基本认知

计数器指令用于对输入脉冲信号进行计数。S7-1200 中有 3 种计数器，它们分别是加计数器 CTU、减计数器 CTD 和加减计数器 CTUD。它们属于软件计数器，其最大计数频率受到 OB1 扫描周期的限制，如果需要记录频率更高的信号，可以使用 CPU 内置的高速计数器指令。

知识点 2：加计数器 CTU 指令

加计数器的指令标识为 CTU，指令格式如图 3.1-1 所示。其中 CU 是加计数器输入端，CV 为计数器当前值，PV 为预设值，Q 为输出，R 为复位输入。CU、R、Q 等均为 Bool 变量。

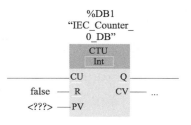

图 3.1-1　CTU 指令格式

计数器调用时需要生成背景数据块，如图 3.1-2 所示。背景数据块的名称和编号可以使用默认的，也可自行更改，如改为"C1"或"牛奶盒计数"等。

单击指令标识"CTU"下方的下拉按钮，在下拉列表框中选择适合的数据类型。PV 和 CV 可以使用的数据类型见图 3.1-3，PV 还可以使用常数。

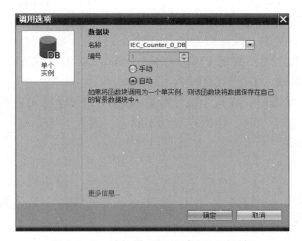

图 3.1-2　计数器"调用选项"对话框

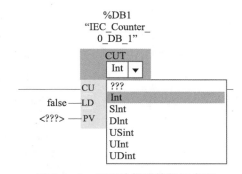

图 3.1-3　设置计数器的数据类型

在图 3.1-4 中，当接在 R 输入端的 I1.1 为 0 状态时，每个 CU 输入端的上升沿，当前值 CV 加 1，CV 不小于预设值 PV 时，输出 Q 变为 1 状态。复位输入 R 为 1 状态时，计数器被复位，输出 Q 变为 0 状态，CV 被清零。图 3.1-5 是加计数器的波形。

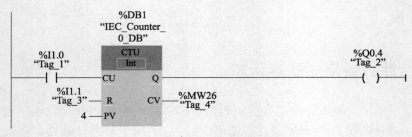

图 3.1-4　加计数器示例程序

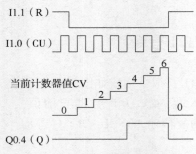

图 3.1-5　加计数器的波形图

知识点 3：减计数器 CTD 指令

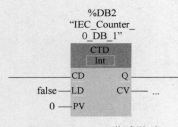

图 3.1-6　CTD 指令格式

减计数器的指令标识为 CTD，指令格式如图 3.1-6 所示，其中输入 CD 为启动输入端，CV 为减数器当前值，PV 为预设值，Q 为输出，LD 为装载端。

在图 3.1-7 中，减计数器的装载输入 LD 为 1 状态时，输出 Q 被复位为 0，并把 PV 的值装入 CV。LD 为 1 状态时，减计数器输入 CD 不起作用。

LD 为 0 状态时，在每个减计数输入 CD 的上升沿，CV 减 1，当 CV 等于 0 时，输出 Q 变为 1 状态。图 3.1-8 是减计数器的波形。

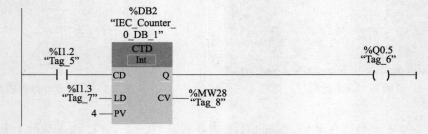

图 3.1-7　减计数器示例程序

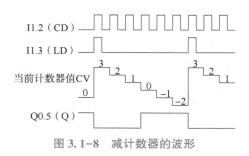

图 3.1-8　减计数器的波形

知识点 4：加减计数器 CTUD 指令

加减计数器的指令标识为 CTUD，指令格式如图 3.1-9 所示。端子含义与 CTU、CTD 的相同。

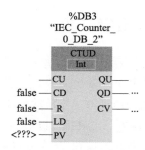

图 3.1-9　CTUD 指令格式

图 3.1-10 所示为 CTUD 示例程序。装载输入 LD 为 1 状态时，预设值 PV 被装入当前值 CV，输出 QU 变为 1 状态，QD 被复位为 0 状态。复位输入 R 为 1 状态时，计数器被复位，CV 被清零，输出 QU 变为 0 状态，QD 变为 1 状态，CU、CD 和 LD 不再起作用。在每个 CU 信号上升沿，CV 加 1；在每一个 CD 信号上升沿，CV 减 1；如果同时出现计数脉冲 CU 和 CD 的上升沿，CV 保持不变。CV 不小于 PV 时，输出 QU 为 1；反之为 0。CV 不大于 0 时，输出 QD 为 1；反之为 0。图 3.1-11 所示为加减计数器的波形。

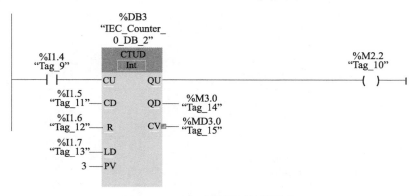

图 3.1-10　加减计数器示例程序

117

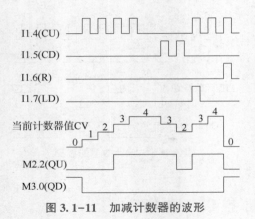

图 3.1-11　加减计数器的波形

工具箱

技能点 1：会议厅人数统计报警装置

在会议大厅入口处安装光电检测装置 I0.0，进入一人发出一高电平信号；在会议大厅出口处安装光电检测装置 I0.1，退出一人发出一高电平信号；会议大厅只能容纳 2 000 人。当厅内达到 2 000 人时，发出报警信号 Q0.0，并自动关闭入口（电动机接触器 KM1 Q0.1）。有人退出，不足 2 000 人时，则打开大门（电动机反向接触器 KM2 Q0.2）。开门到位信号为 I0.2，关门到位信号为 I0.3。按动复位按钮 I0.4 可以对此装置复位。

在本例程序中，可以使用加减计数器 CTUD。会议大厅入口处安装的光电检测装置 I0.0 接入 CTUD 的加计数输入端 CU，出口处安装的光电检测装置 I0.1 接入 CTUD 的减计数输入 CD 端。预设值 PV 为 2 000。复位按钮 I0.4 接入加减计数器的复位 R 端。梯形图如图 3.1-12 所示。

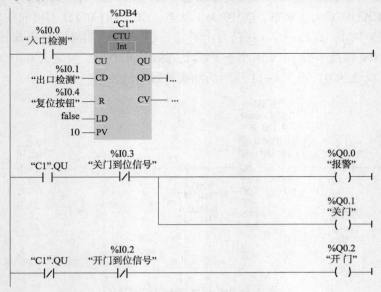

图 3.1-12　会议厅人数统计报警装置梯形图

技能点 2：触点边沿指令的使用

1. 触点边沿指令

触点边沿检测指令包括 P 触点指令和 N 触点指令，是当触点的值从"0"到"1"（上升沿或正边沿，Positive）或从"1"到"0"（下降沿或负边沿，Negative）变化时，该触点导通一个扫描周期。

在图 3.1-13 中，当 I0.1 有从 0 到 1 的上升沿时，Q1.0 接通一个扫描周期。M4.3 为边沿存储位，用来存储上一次扫描时 I0.1 的状态。通过比较 I0.1 前后两次循环的状态，来检测信号的边沿。当 M4.4 由 1 状态变为 0 状态的下降沿时，Q1.1 接通一个扫描周期。边沿存储位的地址只能在程序中使用一次。不能用临时局部数据或 I/O 变量作边沿存储位。

图 3.1-13　触点边沿指令

2. TRIG 边沿指令的使用

TRIG 边沿指令包括 P_TRIG 和 N_TRIG，当 CLK 输入端检测到上升沿或下降沿时，输出端接通一个扫描周期。P_TRIG 和 N_TRIG 指令不能放在电路的开始处和结束处。

在图 3.1-14 中，在 I0.2 的上升沿时输出 Q1.2 接通一个扫描周期。在 I0.3 的下降沿时，输出 Q1.3 接通一个扫描周期。

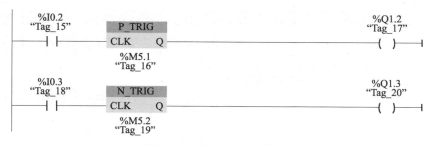

图 3.1-14　TRIG 边沿指令

实 施 引 导

1. 任务分析

（1）传送带由正向接触器 KM1 的线圈驱动，不需要反方向运行。

（2）光电检测开关引入 PLC 的数字量输入点，作为计数器 CTU 的 CU 输入端进行计数。加计数器 CTU 的 Q 输出端触发打包信号。CTU 的预设值 PV 为 12，每 12 盒产生一个打包信号。

（3）10 s 内没有产品通过时进行报警。

光电检测开关接入接通延时定时器 TON 进行 10 s 计时，10 s 内产品通过可复位并重启定时器 TON。如果在 10 s 内没有产品通过，发出报警信号。复位按钮用于解除报警信号。

综上所述，本任务共有 4 个数字量输入信号，3 个数字量输出信号，属于小型控制系统，任何一种型号的 PLC 均可以完成控制要求。本任务选择 S7−1200 CPU 1214C AC/DC/RLY。

2. 编辑变量表

变量表如图 3.1−15 所示。

		名称	数据类型	地址
1	DI	复位按钮	Bool	%I0.2
2	DI	打包信号	Bool	%Q0.6
3	DI	光电检测	Bool	%I0.3
4	DI	报警信号	Bool	%Q0.5
5	DI	脉冲存储位	Bool	%M0.3
6	DI	启动按钮	Bool	%I0.0
7	DI	停止按钮	Bool	%I0.1
8	DI	传送带运行	Bool	%Q0.0
9	DI	解除报警标志	Bool	%M1.0

图 3.1−15 PLC 变量表

3. I/O 接口硬件接线

I/O 接口硬件接线图如图 3.1−16 所示。按照 I/O 分配、I/O 硬件接线图连接 PLC 与外部元件，完成 PLC 电源及输入输出接线。

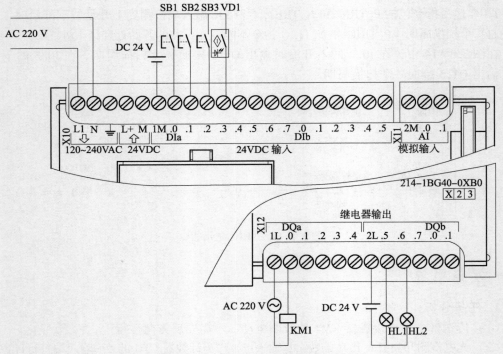

图 3.1−16 产品打包计数 PLC 硬件接线图

4. 编写梯形图程序

梯形图程序如图 3.1-17 所示。

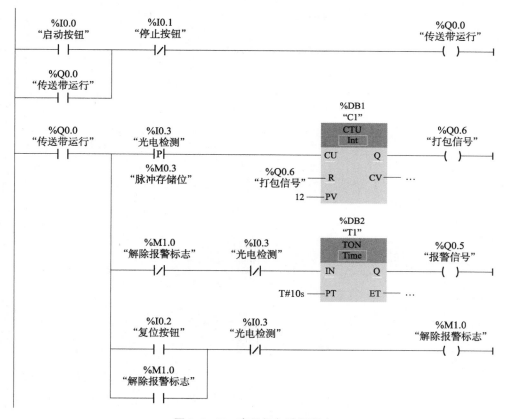

图 3.1-17 产品打包计数程序

下载程序到 PLC, 运行程序。操作控制按钮, 观察运行结果。

任 务 实 施 记 录 单

任务名称	传送带产品计数		完成时长	
组别			组长	
组员姓名				
材料清单	元件：S7-1200 CPU 1214C DC/DC/RLY、24 V 稳压源、按钮、交流接触器、光电检测开关、指示灯、限位开关等； 工具：一字改锥、十字改锥、万用表、剥线钳、压线钳； 耗材：导线、线针		实施场地	
任务要求	按下启动按钮，传送带开始运行。牛奶盒通过传送带运送，每 12 盒为一箱。用光电开关检测传送带上通过的产品并计数，有产品通过时光电开关接通，每 12 盒产生一个打包信号。如果在 10 s 内没有产品通过，发出报警信号，可用外接的复位按钮解除报警信号。按下停止按钮，传送带停止运行，牛奶盒停止计数和打包			
资讯与参考				
决策与方案				
实施步骤与过程记录				

续表

任务名称	传送带产品计数		完成时长	
检查与评价	自我检查记录			
	结果记录			

列写本任务完成过程中涉及的所有文档，并提供纸质或电子文档。

	序号	文档名称	电子文档存储路径	完成时间	负责人
文档清单	1				
	2				

考核评价单

任务名称	传送带产品计数		验收结论	
验收负责人			验收时间	
验收成员				
材料清单	元件：S7 - 1200 CPU 1214C DC/DC/RLY、24 V 稳压源、按钮、交流接触器、光电检测开关、指示灯、限位开关等； 工具：一字改锥、十字改锥、万用表、剥线钳、压线钳； 耗材：导线、线针		费用核算	
任务要求	按下启动按钮，传送带开始运行。牛奶盒通过传送带运送，每 12 盒为一箱。用光电开关检测传送带上通过的产品并计数，有产品通过时光电开关接通，每 12 盒产生一个打包信号。如果在 10 s 内没有产品通过，发出报警信号，用外接的复位按钮解除报警信号。按下停止按钮，传送带停止运行，牛奶盒停止计数和打包			
方案确认				
实施过程确认				

验收要点	评价列表	验收要点	配分	得分
	素养评价	纪律（无迟到、早退、旷课）	10	
		安全规范操作，符合 5S 管理	10	
		团队协作能力、沟通能力	10	
	工程技能	能正确应用加计数器指令	10	
		能正确应用减计数器指令	10	
		能正确应用加减计数器指令	10	
		能应用计数器指令完成报警功能	10	
		能调试及上传下载程序	10	
		能根据任务创新报警程序编写方法	20	
		总评得分		

任务名称	传送带产品计数		验收结论	
效果评价	1. 目标完成情况 2. 知识技能增值点 3. 存在问题及改进方向			
文档接收清单	列写本任务完成过程中涉及的所有文档，并提供纸质或电子文档。			

序号	文档名称	接收人	接收时间
1			
2			

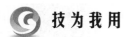

技 为 我 用

使用计数器设计料箱料位报警装置。要求：料箱盛料过少时，低限位开关 I0.0 为 ON，Q0.0 控制报警灯闪动，10 次后自动停止报警。按复位按钮 I0.1 停止报警。请给出合理的解决方案。

进 阶 测 试

一、单选题

1. 西门子 S7-1200 共有（　　）种类型的计数器。

A. 1　　　　　　　　B. 2　　　　　　　　C. 3　　　　　　　　D. 4

2. CTU 的置位条件是（　　）。

A. 当前值>=设定值　　　　　　　　B. 当前值=0

C. 当前值<设定值　　　　　　　　D. 当前值<=0

二、多选题

1. 执行图 3.1-18 所示程序，则（　　）。

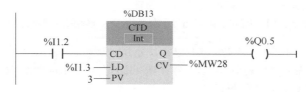

图 3.1-18　程序

A. I1.2 由 OFF 变为 ON 时，CV 端加 1

B. I1.2 由 OFF 变为 ON 时，CV 端减 1

C. I1.3 由 OFF 变为 ON 时，CV=3

D. CV=0，Q0.5 有输出

2. CTD 装载端 LD 的作用是（　　）。

A. 当前值=设定值　　　　　　　　B. 当前值清零

C. 状态位=1　　　　　　　　　　D. 状态位=0

3. CTU 加计数器 R 端的作用是（　　）。

A. 当前值=设定值　　　　　　　　B. 当前值清零

C. 状态位=1　　　　　　　　　　D. 状态位=0

任务 3.2 产品出入库统计

CTD 指令

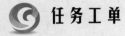 **任务工单**

任务名称	产品出入库统计	预计时间	**120 min**
材料清单	元件：S7-1200 CPU 1214C DC/DC/RLY、24 V 稳压源、按钮、光电检测开关、指示灯等； 工具：一字改锥、十字改锥、万用表、剥线钳、压线钳； 耗材：导线、线针	实施场地	PLC 控制柜、动力电源 （教学过程中可改在具备条件的实训室）
任务目的	（1）理解 S7-1200 数学运算指令的工作原理； （2）理解 S7-1200 转换指令的工作原理； （3）理解 S7-1200 移动指令的工作原理； （4）能够正确应用数学运算指令、转换指令、移动指令编写控制程序		
任务描述	地下车库有 500 个车位，入口及出口处分别设置光电检测器，用于检测入库及出库的车辆数，显示当前剩余车位数，并计算入库百分比。车位为零时红色指示灯亮。通过复位按钮可对车位计数进行复位		
素质目标	（1）通过利用相关指令解决实际问题培养学生的工程思维； （2）通过利用不同方式解决数据统计问题培养学生精益求精的工匠精神； （3）通过工程量的数据转换实操培养学生学科融合的创新精神		
知识目标	（1）掌握四则运算指令的功能及编程应用； （2）掌握 CALCULATE 指令的功能及编程应用； （3）掌握其他数学函数运算指令的功能及编程应用； （4）掌握转换操作、移动值指令的功能及编程应用		
能力目标	（1）能应用运算指令实现公式计算； （2）能使用数学运算指令实现压力值的计算； （3）能应用相关计算指令完成实际问题解决		
资讯	S7-1200 用户手册 自动化网站等		

知识库

知识点 1：四则运算指令

数学函数指令中的 ADD、SUB、MUL 和 DIV 分别是加、减、乘、除指令，其指令格式如图 3.2-1 所示。操作数的数据类型可选整数（SInt、Int、DInt、USInt、UDInt）和浮点数 Real，IN1、IN2 和 OUT 的数据类型应相同。可以从指令框的"???"下拉列表框中选择该指令的数据类型。IN1 和 IN2 也可以是常数。

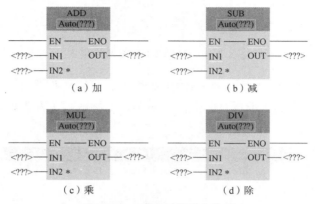

图 3.2-1　四则运算指令格式

ADD 和 MUL 指令允许有多个输入，单击方框中参数 IN2 后面的星号，将会增加输入 IN3，以后增加的输入编号依次递增。

如图 3.2-2 示例程序 1 所示，当 M0.0 接通时，求 500+400-300 的和，结果放入 MW3 中。该例中操作数均为整数 Int。

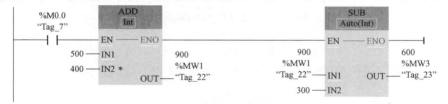

图 3.2-2　示例程序 1

如图 3.2-3 示例程序 2 所示，当 M0.1 接通时，求得 34.5×11.2÷2.5，结果放入 MD54 中。该例中操作数均为实数 Real。

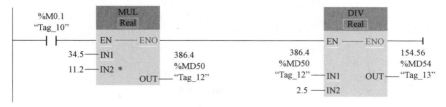

图 3.2-3　示例程序 2

知识点 2：CALCULATE 指令

可以用"计算"指令 CALCULATE 定义和执行数学表达式，根据所选的数据类型计算复杂的数学运算或逻辑运算，其指令格式如图 3.2-4 所示。

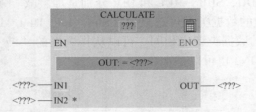

图 3.2-4　CALCULATE 指令格式

首先从指令框的"???"下拉列表框中选择该指令的数据类型。单击指令框中间的"计算器"图标可打开表达式编辑对话框，如图 3.2-5 所示。在表达式编辑对话框中输入计算表达式。

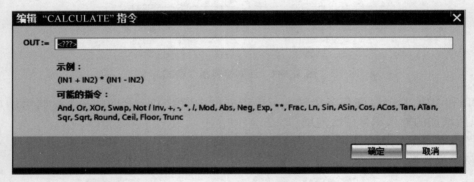

图 3.2-5　编辑 CALCULATE 指令对话框

如图 3.2-6 示例程序 3 所示，当 I0.2 接通时，计算 $(a+b) \times c \div d$。其中 a、b、c、d 均为实数 Real，分别存储在 MD20、MD24、MD28、MD32 中。输出存储在 MD36 中。

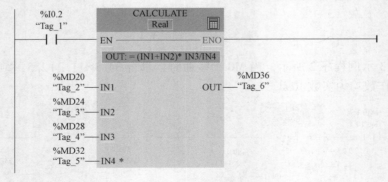

图 3.2-6　示例程序 3

知识点 3：其他数学函数运算指令

常用的数学函数指令如表 3.2-1 所示。

表 3.2-1　数学函数指令

指令	描述	指令	描述
ADD	加　IN1+IN2=OUT	SQR	计算平方　$IN^2=OUT$
SUB	减　IN1-IN2=OUT	SQRT	计算平方根　$\sqrt{IN}=OUT$
MUL	乘　IN1*IN2=OUT	LN	计算自然对数　$\ln(IN)=OUT$
DIV	除　IN1/IN2=OUT	EXP	计算指数值　$e^{IN}=OUT$
MOD	返回除法的余数	SIN	计算正弦值　$\sin(IN)=OUT$
NEG	将输入值的符号取反（求二进制的补码）	COS	计算余弦值　$\cos(IN)=OUT$
INC	将参数 IN/OUT 的值加 1	TAN	计算正切值　$\tan(IN)=OUT$
DEC	将参数 IN/OUT 的值减 1	ASIN	计算反正弦值　$\arcsin(IN)=OUT$
ABS	求有符号整数和实数的绝对值	ACOS	计算反余弦值　$\arccos(IN)=OUT$
MIN	获取最小值	ATAN	计算反正切值　$\arctan(IN)=OUT$
MAX	获取最大值	EXPT	取幂　$IN1^{IN2}=OUT$
LIMIT	将输入值限制在指定的范围内	FRAC	提取小数

如图 3.2-7 示例程序 4 所示，M0.3 接通时，将求出 sin(45°) 的值。

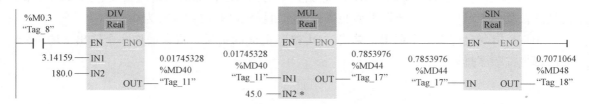

图 3.2-7　示例程序 4

知识点 4：转换操作指令

S7-1200 的转换操作指令包括转换指令、取整和截取指令、上取整和下取整指令、标定和标准化指令。

CONVERT（CONV）指令将数据从一种数据类型转换为另一种数据类型，指令格式如图 3.2-8 所示。转换前后的数据类型可以是整数、双整数、实型、无符号短整型、无符号整

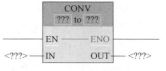

图 3.2-8　CONV 指令格式

型、无符号双整型、短整型、长实型、字、双字、字节、BCD 码等。

如图 3.2-9 所示，M0.1 接通时，执行 CONV 指令，将 MB100 中的字符 Char 转换为双整数后送到 MD106。

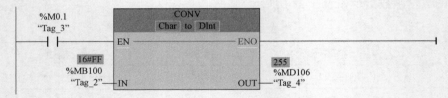

图 3.2-9　CONV 指令示例程序

知识点 5：移动值指令

"移动值" 指令 MOVE（图 3.2-10）用于将 IN 输入的源数据传送给 OUT1 输出的目的地址，并且转换为 OUT1 允许的数据类型，源数据保持不变。MOVE 指令的 IN 和 OUT1 可以是 Bool 之外所有的数据类型，IN 还可以是常数。

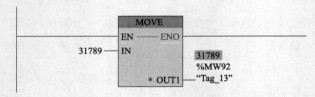

图 3.2-10　MOVE 指令格式

如果 IN 数据类型的长度超出 OUT1 数据类型的位长度，源值的高位丢失。如果 IN 数据类型的长度小于输出 OUT1 数据类型的位长度，目标值的高位被改写为 0。

MOVE 指令允许有多个输出，单击 "OUT1" 前面的星号，将会增加一个输出，增加的输出编号按顺序排列。

🎯 工具箱

技能点 1：编程实现公式计算

编程实现公式计算 $c=\sqrt{a^2+b^2}$，其中 a、b 为整数，c 为实数。

程序如图 3.2-11 所示，第 1 段程序中计算了 "$a*a+b*b$"，结果为整数存储在 MW8 中。由于求平方根指令的操作数只能为实数，因此在第 2 段程序中先通过转换指令 CONV 将整数转换为实数，再求平方根。

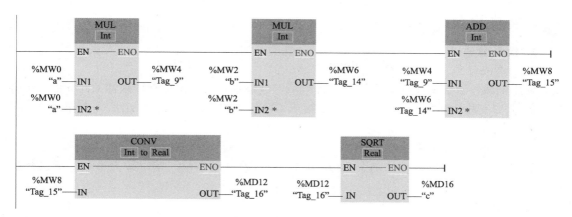

图 3.2-11　公式计算程序

技能点 2：工程量的数据转换

压力变送器的量程为 0~10 MPa，输出信号为 0~10 V，被 CPU 集成的模拟量输入的通道 0（地址为 IW64）转换为 0~27 648 的数字。假设转换后的数字为 N，试求以 kPa 为单位的压力值。

解：0~10 MPa（0~10 000 kPa）对应于转换后的数字 0~27 648，转换公式为

$$P = （1\,000N）÷27\,648（kPa） \tag{3.2-1}$$

值得注意的是，在运算时一定要先乘后除；否则会损失原始数据的精度。

公式中乘法运算的结果可能会大于一个字能表示的最大值，应使用数据类型为双整数的乘法和除法。为此，首先使用 CONV 指令，将 IW64 转换为双整数，如图 3.2-12 所示。

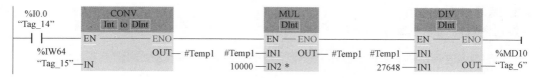

图 3.2-12　压力值计算程序 1

也可使用浮点数计算以 kPa 为单位的压力值。将式（3.2-1）改写为式（3.2-2），即

$$P = （1\,000N）÷27\,648 = 0.361\,690N（kPa） \tag{3.2-2}$$

在 OB1 的块接口区定义数据类型为 Real 的临时局部变量 Temp2，用来保存运算的中间结果。首先用 CONV 指令将 IW64 的值转换为实数（Real），再用实数乘法指令完成式（3.2-2）的运算（图 3.2-13）。最后使用四舍五入的 ROUND 指令，将运算结果转换为整数，如图 3.2-13 所示。

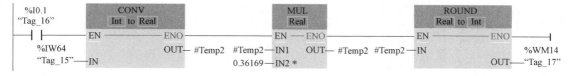

图 3.2-13　压力值计算程序 2

实施引导

1. 任务分析

（1）产品计数。

使用加减计数器 CTUD 对产品进行计数。光电检测开关 1 做加减计数器 CTUD 的 CU 信号，每进入一辆车加 1。光电检测开关 2 接入 CTUD 的 CD 输入端，每出库一辆车减 1。满车位的红色指示灯由一个 PLC 的数字量输出点控制。

（2）计算剩余车位数。

使用减法指令进行计算，剩余车位数 = 500 − 目前已用车位。车位数为整数，可选择数据类型为 Int。

（3）计算入库百分比。

使用除法指令进行计算，入库百分比 = 目前已用车位/500。入库百分比为实数，需要先通过转换指令将车位数转换为实数再进行计算。

2. 编辑变量表

变量表如图 3.2–14 所示。

		名称	数据类型	地址
1		进库	Bool	%I0.0
2		出库	Bool	%I0.1
3		复位按钮	Bool	%I0.2
4		红色指示灯	Bool	%Q0.0
5		已用车位	Int	%MW0
6		剩余车位数	Int	%MW10
7		已用车位转实数	Real	%MD100
8		入库百分比	Real	%MD104
9		车位总数	Int	%MW6
10		车位总数转实数	Real	%MD96

图 3.2–14　PLC 变量表

3. 编写梯形图程序

梯形图程序如图 3.2–15 所示。

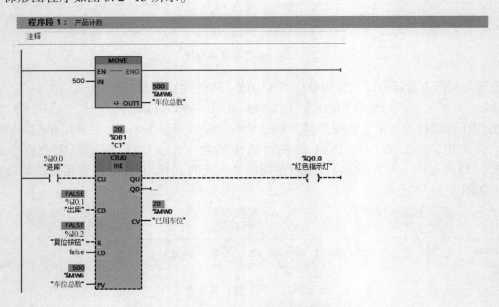

图 3.2–15　车库车辆出入库计数项目程序

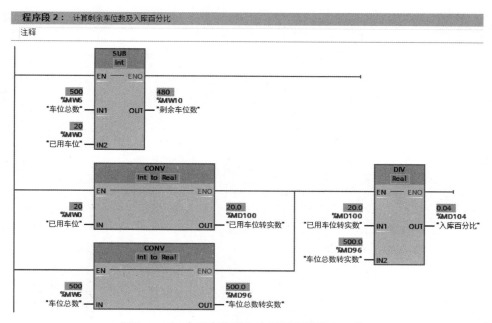

图 3.2-15　车库车辆出入库计数项目程序（续）

下载程序到 PLC，运行程序。操作控制按钮，观察运行结果。

任 务 实 施 记 录 单

任务名称	产品出入库统计		完成时长	
组别			组长	
组员姓名				
材料清单	元件：S7-1200 CPU 1214C DC/DC/RLY、24 V 稳压源、按钮、光电检测开关、指示灯等； 工具：一字改锥、十字改锥、万用表、剥线钳、压线钳； 耗材：导线、线针		实施场地	
任务要求	地下车库有 500 个车位，入口处及出口处分别设置光电检测器检测入库及出库的车辆数，显示当前剩余车位数，并计算入库百分比。车位为零时红色指示灯亮。通过复位按钮可对车位计数进行复位			
资讯与参考				
决策与方案				
实施步骤与过程记录				

任务名称	产品出入库统计		完成时长	
检查与评价	自我检查记录			
	结果记录			
文档清单	列写本任务完成过程中涉及的所有文档，并提供纸质或电子文档。			
	序号	文档名称	电子文档存储路径	完成时间	负责人
	1				
	2				

考核评价单

任务名称	产品出入库统计	验收结论	
验收负责人		验收时间	
验收成员			
材料清单	元件：S7-1200 CPU 1214C DC/DC/RLY、24 V 稳压源、按钮、光电检测开关、指示灯等； 工具：一字改锥、十字改锥、万用表、剥线钳、压线钳； 耗材：导线、线针	费用核算	
任务要求	地下车库有 500 个车位，入口及出口处分别设置光电检测器，用于检测入库及出库的车辆数，显示当前剩余车位数，并计算入库百分比。车位为零时红色指示灯亮。通过复位按钮可对车位计数进行复位		
方案确认			
实施过程确认			

验收要点	评价列表	验收要点	配分	得分
	素养评价	纪律（无迟到、早退、旷课）	10	
		安全规范操作，符合 5S 管理	10	
		团队协作能力、沟通能力	10	
	工程技能	能正确应用四则运算指令	10	
		能正确应用 CALCULATE 指令	10	
		能正确应用其他数学函数指令	10	
		能正确应用转换操作及移动值指令	10	
		能根据数学指令完成公式计算	10	
		能根据工程量进行数据转换	10	
		能调试及上传下载程序	10	
	总评得分			

任务名称	产品出入库统计		验收结论	
效果评价	1. 目标完成情况 2. 知识技能增值点 3. 存在问题及改进方向			
文档接收清单	列写本任务完成过程中涉及的所有文档，并提供纸质或电子文档。			
	序号	文档名称	接收人	接收时间
	1			
	2			

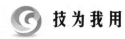 **技为我用**

将英寸转换为厘米。已知单位为英寸的长度保存在 MW0 中，数据类型为整数，英寸与厘米的换算单位是 2.54，要将转换后的厘米数保存在 MW100 中，结果为整数。试将 5 英寸转换为厘米，请给出合理的解决方案。

进阶测试

一、单选题

图 3.2-16 所示为（　　）指令。

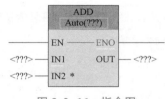

图 3.2-16　指令图

A. 加法　　　　　　B. 减法　　　　　　C. 乘法　　　　　　D. 除法

二、判断题

1. ADD、SUB、MUL 和 DIV 分别是加、减、乘、除指令。所有指令均允许拥有多个输入。（　　）

2. 转换指令用于完成数据格式的转换。（　　）

3. 除法运算指令 DIV 结果应取整并保留余数。（　　）

4. 移动值指令 MOVE（图 3.2-10）用于将 IN 输入的源数据传送给 OUT1 输出的目的地址，并且转换为 OUT1 允许的数据类型，源数据保持不变。（　　）

项目 4

PLC 控制变频器调速

岗课赛证融通要求

智能制造工程技术人员国家职业技术技能标准		
工作内容	**专业能力要求**	**相关知识要求**
3.2 安装、调试、部署和管控智能装备与产线	3.2.3 能进行智能装备与产线的现场安装、调试、网络与系统部署	3.2.6 传感器应用、PLC 技术、工艺规划、网络安全知识
可编程控制器系统应用编程职业技能等级标准		
工作领域	**工作任务**	**技能要求**
3. 可编程控制器系统编程	3.1 可编程控制器基本逻辑指令编程	3.1.1 能够正确创建新的 PLC 程序 3.1.2 能够使用常开/常闭指令完成程序编写 3.1.3 能够使用上升沿/下降沿指令完成程序编写 3.1.4 能够使用输出/置位/复位指令完成程序编写
全国职业院校技能大赛高职组"工业网络智能控制与维护"赛项		
赛题要求：变频电动机皮带运动：变频电动机皮带机构手动调试前，首先在触摸屏（HMI）"变频器设定频率（Hz）"文本框中输入频率值，再按住"正转"或"反转"按钮，实现变频电动机皮带机构的正转或反转运动控制，并能实时显示皮带当前速度值（单位为 mm/s）。松开按钮，皮带停止。		

项目引入

工业生产中，工艺要求生产机械运行在不同的转速下，如板坯打卷、高炉加料料斗提升、矿井提升机运行等。变频器调速可以满足这一要求。变频器有多种调速方法，其中外端子控制调速、模拟量给定调速以及通信调速 3 种比较常用。

下面以 3 个任务引导大家学习 PLC 控制变频调速的实施方法。3 个任务从工业控制现场应用案例中提炼，涵盖该项目的所有知识与技能要求。

	任务4.1　外端子控制G120多段速运行
项目4　PLC控制变频器调速	任务4.2　PLC模拟量输出给定运行速度
	任务4.3　Profinet通信控制G120调速

任务 4.1　外端子控制 G120 多段速运行

外端子控制 G120
变频器的启停

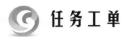 **任务工单**

任务名称	外端子控制 G120 多段速运行	预计时间	60 min
材料清单	元件：S7-1200 CPU 1214C DC/DC/DC、24 V 稳压源、按钮、G120 变频器、三相交流异步电动机、传送带控制对象等； 　　工具：一字改锥、十字改锥、万用表、剥线钳、压线钳等； 　　耗材：导线、线针、线号管等	实施场地	PLC 控制柜、动力电源、G120 变频器、三相异步电动机（条件受限且有传送带控制对象时，可以用其他元件替代、组合。建议配合组态画面）
任务描述	传送带有七种运行段速选择。通过接入 PLC 的段速选择开关的组合进行段速选择。七段速度设置要求如下： 　　第 1 段：输出频率为 10 Hz； 　　第 2 段：输出频率为 20 Hz； 　　第 3 段：输出频率为 50 Hz； 　　第 4 段：输出频率为 30 Hz； 　　第 5 段：输出频率为 −10 Hz； 　　第 6 段：输出频率为 −20 Hz； 　　第 7 段：输出频率为 −50 Hz。 　　注意：段速选择开关 K1、K2、K3 分别为段速选择位的低位、次低位、高位，其二进制编码对应的数值与段速对应		
素质目标	（1）通过小组展开任务实施，培养学生团队协作意识； （2）通过对变频器面板参数的调试，培养学生的实践操作能力； （3）通过对多段速的控制方法，培养学生发现问题、解决问题的职业能力		
知识目标	（1）掌握 BOP-2 各按键的功能； （2）掌握 G120 变频器各端子功能； （3）掌握宏 3 实现多段速的方法		
能力目标	（1）能正确进行变频器基本参数和功能参数的设置； （2）能正确进行 PLC 和变频器间的信号连接； （3）能根据任务要求进行 PLC 多段速控制程序编写； （4）能排除联机调试过程中出现的问题及故障		
资讯	S7-1200 用户手册 G120 简单调试手册 G120C 参数手册 相关产品网站、自动化网站		

知识库

知识点 1：G120 变频器认知

西门子 SINAMICS G120 系列变频器采用控制单元（Control Unit，CU）和功率模块（Power Module，PM）分离的设计，功率最大为 250 kW。由于控制单元和功率模块分开，使得同一控制单元可适应不同容量的功率模块，并可以脱离现场做一些初始调试。同时 SINAMICS G120 系列变频器提供更多的 I/O 口，使得其功能与灵活性更强。G120 变频器可以用 Starter 和 TIA StartDrive 软件调试，不再支持 DriverMonitor。

1. 西门子 G120 变频器外形

SINAMICS G120 变频器简称 G120 变频器，是通用型变频器，用于三相交流电动机调速。控制单元可以控制和监测功率模块和电动机。控制单元有很多类型，可以通过不同的现场总线（如 Modubus-RTU、Profibus-DP、Profinet、Devicenet 等）与上层控制器（PLC）进行通信。功率模块适用于功率范围在 0.37~250 kW 之间的电动机。功率模块 PM 用来为电动机和控制模块提供电能，实现电能的整流与逆变功能。

G120 功率模块和控制单元的外观如图 4.1-1 所示。

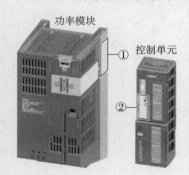

图 4.1-1　G120 PM 和 CU 的外形

在功率模块 PM 铭牌（①）处或控制单元 CU 铭牌（②）处，可以查阅产品名称、技术参数、订货号、版本号等数据。如果控制单元集成了故障安全功能，则会在名称后面加上 F。SINAMICS G120 的功率模块包括 PM230、PM240 和 PM250。功率模块根据其功率的不同，可以分为不同的尺寸类型，编号从 FSA 到 FSF。其中 FS 表示"Frame Size"，即"模块尺寸"，A~F 代表功率的大小（依次递增）。

2. G120 变频器控制单元上的接口

将控制单元上方和下方的小门向右打开后，就可以操作端子排。端子排是弹簧接线端子。以 CU240E-2 为例，控制单元上的接口、连接器、开关、端子排和 LED 如图 4.1-2 所示。

①存储卡插槽（MMC 卡或 SD 卡）。

②操作面板（IOP 或 BOP-2）接口。

③USB 接口，用于连接装有 Starter 的 PC。

④状态 LED。

 RDY
BF
SAFE
LNK1,仅在配备 Profinet 接口的模块上才有
LNK2,仅在配备 Profinet 接口的模块上才有

⑤DIP 开关，用于设置现场总线地址（在 Profinet 中无功能）。

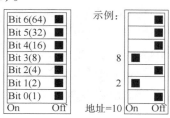

⑥模拟量输入的 DIP 开关。

⑦端子排。

⑧端子标识。

⑨取决于现场总线。USS、Modbus：总线终端；Profibus、Profinet：没有功能。

3. 控制单元 CU240E-2 上的端子排

CU240E-2 的端子排如图 4.1-3 所示。

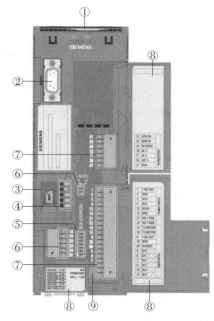

图 4.1-2　CU240E-2 控制单元接口

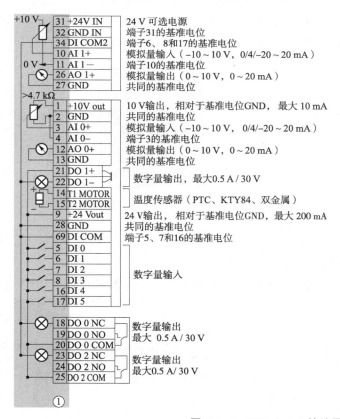

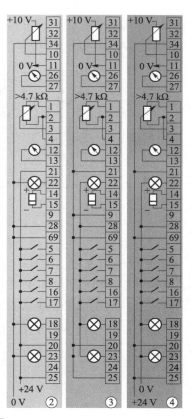

图 4.1-3　CU240E-2 的端子排

145

模拟量输入既可以使用内部 10 V 电源，也可以使用外部电源。模拟量输入可以转换为附加的数字量输入。

在图 4.1-3 中，①使用内部电源时的接线。此时开关闭合后，数字量输入变为高电平。②使用外部电源时的接线。此时开关闭合后，数字量输入变为高电平。③使用内部电源时的接线。此时开关闭合后，数字量输入变为低电平。④使用外部电源时的接线。此时开关闭合后，数字量输入变为低电平。

端子排的功能在基本调试中设置，变频器可以为输入与输出以及现场总线接口提供不同的预定义（P0015 宏命令）。

知识点 2：G120 变频器的面板功能

G120 变频器的面板用于调试、诊断和控制变频器，控制单元可以安装两种不同的操作面板，即 BOP 和 IOP。

基本操作面板（Basic Operator Panel，BOP）有一块小的液晶显示屏，用来显示参数、诊断数据等信息；面板的下方有"自动/手动""确认/退出"等按键，可以用来设置变频器的参数并进行简单的功能测试。BOP-2 面板的外观如图 4.1-4 所示。

智能操作面板（Intelligent Operator Panel，IOP）采用文本和图形显示，界面提供参数设置、调试向导、诊断及上传/下载功能，有助于直观地操作和诊断变频器；IOP 可直接卡紧在变频器上或者作为手持单元通过一根电缆和变频器相连，可通过面板上的手动/自动按钮及菜单导航按钮进行功能选择，操作简单方便。IOP-2 的外观如图 4.1-5 所示。

图 4.1-4　**BOP-2 面板外观**　　　　图 4.1-5　**IOP-2 面板外观**

下面以 BOP-2 为例介绍面板上各按键的功能。

1. 基本操作面板（**BOP-2**）进行操作

利用基本操作面板（BOP-2）可以改变变频器的各个参数。基本操作面板（BOP-2）上的按键及其功能说明如表 4.1-1 所示。

表 4.1-1　基本操作面板（**BOP-2**）上的按键功能说明

按键	功能	功能的说明
■	启动变频器	·在"AUTO"模式下，该按钮不起作用； ·在"HAND"模式下，标识启动命令

续表

按键	功能	功能的说明
⏻	停止变频器	· 在"AUTO"模式下，该按钮不起作用； · 在"HAND"模式下，若连续单击两次，将"OFF2"自由停车； · 在"HAND"模式下，若单击一次，将"OFF1"按 P1121 的下降时间停车
HAND AUTO	BOP（HAND）与总线或端子（AUTO）切换按钮	· 在"HAND"模式下，单击该按钮，切换到"AUTO"，Ⅰ 和 ⏻ 按钮不起作用。若变频器端子控制或通信控制有启动命令，变频器便自动切换到"AUTO"模式下的速度给定值。 · 在"AUTO"模式下，单击该按钮，切换到"HAND"，Ⅰ 和 ⏻ 按钮将起作用。切换到"HAND"模式时，速度给定值保持不变，在电动机运行期间可以实现"HAND"和"AUTO"模式的切换
ESC	退出操作	· 若单击该按钮 2 s 以下，表示返回上一级菜单，或表示不保存所有修改的参数值； · 若单击该按钮 3 s 以上，将返回监控画面。 注意：在参数修改模式下，此按钮表示不保存所修改的参数值，除非之前已经按 OK 按钮
OK	功能	· 菜单选择时，表示确认所选的菜单项； · 参数选择时，表示确认所选的参数和参数值设置，并返回上一级画面； · 在故障诊断画面，使用该按钮可以清除故障信息
▲	选择修改	· 菜单选择时，表示返回上一级的画面； · 参数修改时，表示改变参数号或参数值。 · 在"HAND"模式下，点动运行方式下，长时间同时按 ▲ 和 ▼ 按钮可以实现以下功能： ➢ 若在正向运行状态下，则将切换到反向状态； ➢ 若在停止状态下，则将切换到运行状态
▼	选择修改	· 菜单选择时，表示进入下一级的画面； · 参数修改时，表示改变参数号或参数值

注：如要锁住或解锁按键，只需同时按住 ESC 和 OK 按钮 3 s 以上即可。

2. BOP-2 面板液晶屏图标功能

BOP-2 面板液晶屏图标功能如表 4.1-2 所示。

表 4.1-2　基本操作面板（BOP-2）液晶屏上图标功能

图标	功能	状态	描述
🖐	控制源	手动模式	"HAND"模式下会显示，"AUTO"模式下没有

图标	功能	状态	描述
◐	变频器状态	运行状态	标识变频器是否处于运行状态。有该图标表示变频器运行，无该图标表示停止
JOG	"JOG" 功能	点动功能激活	
✖	故障和报警	静止时表示报警，闪烁时表示故障	故障状态下，会闪烁，变频器会自动停止。静止时，该图标表示处于报警状态

3. BOP-2 面板的菜单结构

BOP-2 是一个菜单驱动设备，有 6 个功能菜单，并具有图 4.1-6 所示的菜单结构。

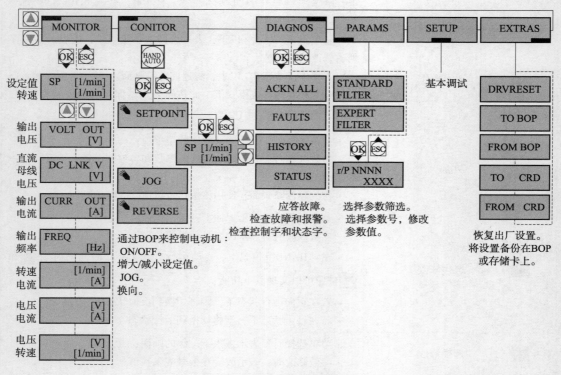

图 4.1-6　BOP-2 菜单结构

修改参数值时，可以在菜单 "PARAMS" 和 "SETUP" 中进行。通过 "PARAMS" 可以自由选择参数号，通过 "SETUP" 可进行参数基本调试。

各菜单的功能见表 4.1-3。

表 4.1-3　菜单功能描述

菜单	功能描述
MONITOR	监视菜单：运行速度、电压和电流值显示
CONTROL	控制菜单：使用 BOP-2 面板控制变频器
DIAGNOS	诊断菜单：故障报警和控制字、状态字的显示
PARAMS	参数菜单：查看或修改参数
SETUP	调试向导：快速调试
EXTRAS	附加菜单：设备的工厂复位和数据备份

4. 变频器的参数

变频器的参数包括参数号和参数值。对变频器的参数进行设置，就是将参数值赋值给参数号。参数号由一个前置的"P"或者"r"、参数编号和可选用的下标或位数组组成。其中"P"表示可调参数（可读写），"r"表示显示参数（只读）。

在变频器参数中，有一类参数用于信号互联，为 BICO 参数，在该类参数名称的前面有"BI："" BO："" CI："" CO："" CO/BO："等字样。

知识点 3：变频器多段速功能

多段速功能，也称为固定转速，是用数字量输入端子选择固定设定值的组合，实现电动机多段速运行调速。G120 变频器的宏 2 和宏 3 都可以实现变频器的多段速功能。宏 2 带安全功能，最多实现 3 段速的调速。宏 3 最多可以实现 15 段速的调速。利用宏 3 实现固定设定值模式有两种：一种是直接选择固定设定值模式；另一种是二进制编码选择。

1. 宏 3 直接选择模式

当 P0015 设置为 3 后，其端子功能定义如图 4.1-7 所示。

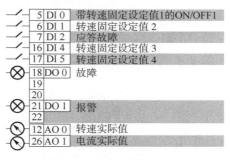

图 4.1-7　宏 3 端子定义图

采用直接选择模式需要设置 P1016＝1，此时一个数字量输入选择一个固定设定值。多个数字量输入同时激活时，选定的设定值为对应固定设定值的叠加。最多可以设置 4 个数字输入信号。参数号及说明如表 4.1-4 所示。

表 4.1-4　参数号及说明

参数号	说明	参数号	说明
P1020	固定设定值 1 的选择信号	P1001	固定设定值 1
P1021	固定设定值 2 的选择信号	P1002	固定设定值 2
P1022	固定设定值 3 的选择信号	P1003	固定设定值 3
P1023	固定设定值 4 的选择信号	P1004	固定设定值 4

2. 宏 3 二进制编码选择

4 个数字量输入通过二进制编码方式选择固定设定值，使用这种方法最多可以选择 15 个固定频率。采用二进制选择模式需要设置 P1016＝2。数字量输入不同的状态对应的固定设定值如表 4.1-5 所示。

表 4.1-5　端子状态与固定设定值的关系

固定设定值	P1023 选择的DI 状态	P1022 选择的DI 状态	P1021 选择的DI 状态	P1020 选择的DI 状态
P1001 固定设定值 1				1
P1002 固定设定值 2			1	
P1003 固定设定值 3			1	1
P1004 固定设定值 4		1		
P1005 固定设定值 5		1		1
P1006 固定设定值 6		1	1	
P1007 固定设定值 7		1	1	1
P1008 固定设定值 8	1			
P1009 固定设定值 9	1			1
P1010 固定设定值 10	1		1	
P1011 固定设定值 11	1		1	1
P1012 固定设定值 12	1	1		
P1013 固定设定值 13	1	1		
P1014 固定设定值 14	1	1	1	
P1015 固定设定值 15	1	1	1	1

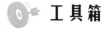 **工具箱**

技能点 1：利用 BOP-2 恢复出厂设置

变频器调试出现异常，比如调试期间电源中断，使调试无法结束；不清楚变频器是否已经修改过某些参数等，这些情况下需要将变频器恢复到出厂设置。

利用 BOP-2 面板恢复出厂设置的操作如表 4.1-6 所示。

表 4.1-6　利用 BOP-2 面板恢复出厂设置操作步骤

序号	操作步骤	面板显示
1	在访问任何功能前，变频器必须为手动模式。如果没有选择手动模式，屏幕会显示变频器未启动手动模式的信息。 单击 HAND/AUTO 按钮选择手动模式	MONITORING　CONTROL　DIAGNOSTICS NO HAND- PARAMETER　SETUP　EXTRAS
2	单击 ▲ 或 ▼ 按钮将光标移动到 "EXTRAS"	MONITORING　CONTROL　DIAGNOSTICS EXTRAS PARAMETER　SETUP　EXTRAS
3	单击 OK 按钮进入 "EXTRAS" 菜单，单击 ▲ 或 ▼ 按钮找到 "DRVRESET" 功能	MONITORING　CONTROL　DIAGNOSTICS DRVRESET PARAMETER　SETUP　EXTRAS
4	单击 OK 按钮激活复位出厂设置（单击 ESC 按钮取消复位出厂设置）	MONITORING　CONTROL　DIAGNOSTICS ESC / OK PARAMETER　SETUP　EXTRAS
5	单击 OK 按钮开始恢复参数，BOP-2 上会显示 "BUSY"	MONITORING　CONTROL　DIAGNOSTICS - BUSY - PARAMETER　SETUP　EXTRAS
6	复位完成后 BOP-2 显示完成 DONE，单击 OK 或 ESC 按钮返回 "EXTRAS" 菜单	MONITORING　CONTROL　DIAGNOSTICS - DONE - PARAMETER　SETUP　EXTRAS
7	切断变频器的电源，等待片刻，直到变频器上所有的 LED 灯都熄灭。之后再重新给变频器上电。有些参数只有在重新上电后，所做设置才会生效	

技能点 2：利用 BOP-2 面板进行快速调试

快速调试是在 P0010 = 1 时进行的。具体操作步骤如表 4.1-7 所示。

表 4.1-7 利用 BOP-2 面板进行快速调试

序号	操作步骤	面板显示
1	在 BOP-2 上选择菜单 "SETUP"，单击 ok 按钮确认	SETUP
2	显示工厂复位功能，如果需要复位单击 ok 按钮，单击 ▲ 或 ▼ 按钮选择 "YES"，单击 ok 按钮开始工厂复位，面板显示 "BUSY"；如果不需要工厂复位，单击 ▼ 按钮	RESET
3	单击 ok 按钮进入 P1300 参数页面，单击 ▲ 或 ▼ 按钮选择参数值，单击 ok 按钮确认参数。 P1300 0 线性 V/F 控制 2 抛物线 V/F 控制 20 无传感器矢量控制–转速控制 22 无传感器矢量控制–转矩控制	CTRL MOD P1300
4	单击 ok 按钮进入 P100 参数页面，单击 ▲ 或 ▼ 按钮选择参数值，单击 ok 按钮确认参数。通常国内使用的电动机为 IEC 电动机，该参数设置为 0。 P100 0 IEC（50 Hz, kW） 1 NEMA（60 Hz, hp） 2 NEMA（60 Hz, kW）	EUR/USA P100
5	设置电动机额定电压（查看电动机铭牌）。单击 ok 按钮进入 P304 参数页面，单击 ▲ 或 ▼ 按钮选择参数值，单击 ok 按钮确认参数	MOT VOLT P304
6	设置 P305 电动机额定电压（查看电动机铭牌）。单击 ok 按钮进入 P305 参数页面，单击 ▲ 或 ▼ 按钮选择参数值，单击 ok 按钮确认参数	MOT CURR P305
7	设置 P307 电动机额定功率（查看电动机铭牌）。单击 ok 按钮进入 P307 参数页面，单击 ▲ 或 ▼ 按钮选择参数值，单击 ok 按钮确认参数	MOT POW P307

续表

序号	操作步骤	面板显示
8	设置 P311 电动机额定转速（查看电动机铭牌）。单击 OK 按钮进入 P311 参数页面，单击 ▲ 或 ▼ 按钮选择参数值，单击 OK 按钮确认参数	MOT RPM P311
9	单击 OK 按钮进入 P1900 参数页面，单击 ▲ 或 ▼ 按钮选择参数值，单击 OK 按钮确认参数（此处 P1900＝1，执行静态电动机数据检测）	MOT ID P1900
10	P15 预定义接口宏。单击 OK 按钮进入 P15 参数页面，单击 ▲ 或 ▼ 按钮选择参数值，单击 OK 按钮确认参数。设置 P15＝3，执行相应的宏文件	MAc PRr P15
11	设置 P1080 电动机最低转速。单击 OK 按钮进入 P1080 参数页面，单击 ▲ 或 ▼ 按钮选择参数值，单击 OK 按钮确认参数	MIN RPM P1080
12	设置 P1120 斜坡上升时间。单击 OK 按钮进入 P1120 参数页面，单击 ▲ 或 ▼ 按钮选择参数值，单击 OK 按钮确认参数。默认是设置 P1120＝10 s	RAMP UP P1120
13	设置 P1121 斜坡下降时间。单击 OK 按钮进入 P1121 参数页面，单击 ▲ 或 ▼ 按钮选择参数值，单击 OK 按钮确认参数。默认是设置 P1120＝10 s	RAMP DWN P1121
14	参数设置完毕后进入结束快速调试画面	FINISH
15	单击 OK 按钮进入，单击 ▲ 或 ▼ 按钮选择"YES"，单击 OK 按钮确认结束快速调试	FINISH YES
16	面板显示"BUSY"，变频器进行参数计算	- BUSY -
17	计算完成短暂显示"DONE"画面，随后光标返回到"MONITOR"菜单	- DONE -

技能点 3：消除 A07991 报警操作

　　在进行基本调试时如果选择了 P1900＝1，执行了静态电动机参数优化，在基本调试结束后会输出一条 A07991 的报警。消除该报警的操作步骤如表 4.1-8 所示。

表 4.1-8　A07991 报警消除操作

序号	操作步骤	面板显示
1	静止不动时，变频器输出 A07991 报警	
2	· 从 "AUTO" 切换到 "HAND"，BOP-2 显示图标 ; · 接通电动机，使变频器可以检测相连接电动机的数据	
3	变频器检测处于静态的电动机数据，该过程会持续几秒钟。在电动机数据检测结束后，变频器会关闭电动机	
4	· 如果除了静态电动机数据检测外，还选择了旋转电动机的检测，变频器会再次输出； · 报警 A07991	
5	再次接通电动机，使变频器可以检测相连电动机的数据	
6	变频器转动电动机，并对转速控制器进行优化。该过程最长可能会持续 1 min； 在优化结束后，变频器会关闭电动机	
7	"HAND" 切换到 "AUTO"	

报警消除后，可进入 "PARAMS" 菜单，设置 P0971＝1，保存所做参数的修改。

技能点 4：功能参数调试

（1）当采用直接选择方式进行多段速控制时，其功能参数设置如表 4.1-9 所示。

表 4.1-9　直接选择方式实现 3 段固定频率控制参数表

参数	设置值	说明
P0840	722.0	将 DI 0 作为启动信号/OFF1 信号，r722.0 作为 DI 0 状态的参数
P1016	1	固定转速模式采用直接选择方式
P1020	722.1	将 DI 1 作为固定设定值 1 的选择信号，r722.1 作为 DI 1 状态的参数
P1021	722.4	将 DI 4 作为固定设定值 1 的选择信号，r722.4 作为 DI 4 状态的参数
P1022	722.5	将 DI 5 作为固定设定值 1 的选择信号，r722.5 作为 DI 5 状态的参数
P1070	1024	将固定设定值作为主设定值
* P1001	280	设置固定频率 1 （r/min）

续表

参数	设置值	说明
＊P1002	700	设置固定频率 2（r/min）
＊P1003	1400	设置固定频率 3（r/min）
注：标"＊"的参数可根据用户实际要求进行设置。		

（2）当采用二进制编码方式时，实现变频器 7 段固定频率控制的参数设置如表 4.1-10 所示。

表 4.1-10　设置 7 段固定频率控制参数表

参数	设置值	说明
P0840	722.0	将 DI 0 作为启动信号/OFF1 信号，r722.0 作为 DI 0 状态的参数
P1016	2	固定转速模式采用二进制编码方式
P1020	722.1	将 DI 1 作为固定设定值位 0 的选择信号，r722.1 作为 DI 1 状态的参数
P1021	722.4	将 DI 4 作为固定设定值位 1 的选择信号，r722.4 作为 DI 4 状态的参数
P1022	722.5	将 DI 5 作为固定设定值位 2 的选择信号，r722.5 作为 DI 5 状态的参数
P1023	722.2	将 P1023 的默认值 722.5 修改为 722.2（高于 7 段速时，设置此端子） 将 DI 2 作为固定设定值位 3 的选择信号，r722.2 作为 DI 2 状态的参数
P1070	1024	将固定设定值作为主设定值
＊P1001	280	设置固定频率 1（r/min）
＊P1002	560	设置固定频率 2（r/min）
＊P1003	1400	设置固定频率 3（r/min）
＊P1004	840	设置固定频率 4（r/min）
＊P1005	−280	设置固定频率 5（r/min）
＊P1006	−560	设置固定频率 6（r/min）
＊P1007	−1400	设置固定频率 7（r/min）
注：标"＊"的参数可根据用户实际要求进行设置。		

实 施 引 导

1. 任务分析

任务：变频器控制传送带 7 段速运行。

分析：本任务要实现 7 段固定频率控制，需要 4 个数字输入端口，采用二进制编码选择方式。此时 P15＝3、P1016＝2。其中，G120 变频器的数字输入 DI 0（端口 5）设为电动机启停控制端，数字输入端 DI 1、DI 4 、DI 5（端口 6、16、17）为二进制编码选择信号，G120 数字输入端连接 PLC 的输出信号。7 段固定频率控制状态如表 4.1-11 所示。

表 4.1-11　7 段固定频率控制状态表

固定频率	端口 17（S3）（P1022）	端口 16（S2）（P1021）	端口 6（S1）（P1020）	对应频率所设置的参数	频率/Hz	电动机转速/(r·min⁻¹)
	0	0	0		0	0
1	0	0	1	P1001	10	280
2	0	1	0	P1002	20	560
3	0	1	1	P1003	50	1 400
4	1	0	0	P1004	30	840
5	1	0	1	P1005	−10	−280
6	1	1	0	P1006	−20	−560
7	1	1	1	P1007	−50	−1 400
OFF	0	0	0		0	0

2. 编辑变量表

编辑变量表如图 4.1-8 所示。

名称	数据类型	地址
K0（ON/OFF1）	Bool	%I0.0
K1选择位0	Bool	%I0.1
K2选择位1	Bool	%I0.2
K3选择位2	Bool	%I0.3
ON/OFF控制位	Bool	%Q0.0
固定速度选择位0	Bool	%Q0.1
固定速度选择位1	Bool	%Q0.2
固定速度选择位2	Bool	%Q0.3

图 4.1-8　多段速控制变量表

3. 硬件接线

按任务要求及 PLC I/O 分配完成硬件接线，如图 4.1-9 所示。

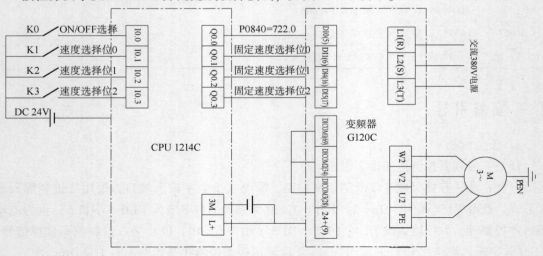

图 4.1-9　硬件接线图

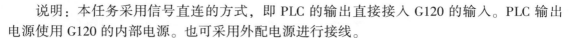

说明：本任务采用信号直连的方式，即 PLC 的输出直接接入 G120 的输入。PLC 输出电源使用 G120 的内部电源。也可采用外配电源进行接线。

4. **任务实施过程及参考程序**

（1）恢复变频器工厂默认值（见技能点 1）。

（2）进行快速调试，设置电动机参数，快速调试过程中 P0015 参数设置值为 3。注意：修改参数时 P0010 = 1，参数设置完成后，变频器运行时设 P0010 = 0，确保变频器当前处于准备状态，可正常运行（见技能点 2）。

（3）进行功能参数调试，设置 7 段固定频率控制参数（见技能点 4）。

（4）编写 PLC 控制程序。示例程序如图 4.1-10 所示。

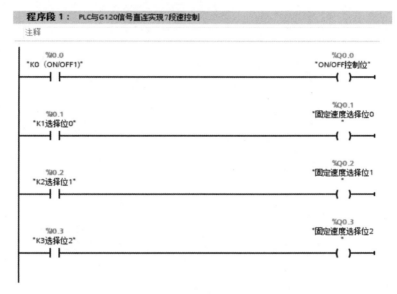

图 4.1-10　PLC 控制 G120 多段速运行程序

说明：当段速选择数多于 7 个时，需要再增加一个速度选择位，如在本例基础上，可以通过修改 P1023 = r722.2，即将 DI 2 作为速度选择的最高位实现。

任 务 实 施 记 录 单

任务名称	外端子控制 G120 多段速运行	完成时长	
组别		组长	
组员姓名			
材料清单	元件：S7-1200 CPU 1214C DC/DC/DC、24 V 稳压源、按钮、G120 变频器、三相交流异步电动机、传送带控制对象等；工具：一字改锥、十字改锥、万用表、剥线钳、压线钳等；耗材：导线、线针、线号管等	实施场地	
		费用预算	
任务要求	传送带有 7 种运行段速选择。段速选择开关有 4 个，通过接入 PLC 的段速选择开关的不同组合进行 7 种段速选择。实现任务并撰写操作说明文档		
资讯与参考			
决策与方案			
实施步骤与过程记录			

续表

任务名称	外端子控制 **G120** 多段速运行		完成时长	
检查与评价	自我检查记录			
	结果记录			
文档清单	列写本任务完成过程中涉及的所有文档，并提供纸质或电子文档。			
	序号	文档名称	电子文档存储路径	完成时间	负责人
	1				
	2				

考核评价单

任务名称	外端子控制 G120 多段速运行		验收结论	
验收负责人			验收时间	
验收成员				
材料清单	元件：S7-1200 CPU 1214C DC/DC/DC、24 V 稳压源、按钮、G120 变频器、三相交流异步电动机、传送带控制对象等； 工具：一字改锥、十字改锥、万用表、剥线钳、压线钳等； 耗材：导线、线针、线号管等		费用核算	
任务要求	传送带有 7 种运行段速选择。段速选择开关有 4 个，通过接入 PLC 的段速选择开关的不同组合进行 7 种段速选择			
方案确认				
实施过程与结果确认				

验收要点	评价列表	验收要点	配分	得分
	素养评价	纪律（无迟到、早退、旷课）	10	
		安全规范操作，符合 5S 管理	10	
		团队协作能力、沟通能力	10	
	工程技能	元件选择正确	10	
		元件安装位置合理，安装稳固；硬件接线符合接线工艺，走线平直，装接稳固	10	
		PLC I/O 分配合理，完整	10	
		变频器接线正确	10	
		电动机参数设置正确	10	
		功能参数设置正确	10	
		PLC 控制程序功能完整，符合控制要求	10	
		总评得分		

续表

任务名称	外端子控制 **G120** 多段速运行	验收结论	
效果评价	1. 目标完成情况 2. 知识技能增值点 3. 存在问题及改进方向		

文档接收清单	列写本任务完成过程中涉及的所有文档，并提供纸质或电子文档。		

序号	文档名称	接收人	接收时间
1			
2			

技为我用

纺纱机（图 4.1-11）在纺纱过程中，根据工艺要求在大、中、小纱运行不同速度，一般小纱低速、中纱高速、大纱低速。并且小纱到中纱逐级提升速度，中纱到大纱逐级降速，速度要求如表 4.1-12 所示。

表 4.1-12　纺纱机工艺要求

纺纱长度/m	频率/Hz
0~200	30
201~400	32
401~600	34
601~2 500	39
2 501~2 800	37.5
2 801~3 000	36
3 001~3 500	34

请用 S7-1200 PLC、G120 变频器实现上述功能，提交任务相关文档（硬件接线图、参数设置表、参考程序等）。

图 4.1-11　纺纱机控制

进阶测试

选择题

1. 变频器的主要参数类别有（　　）。

A. 只读参数　　　　　　　　　　　　B. 读写参数

C. 只读参数和读写参数　　　　　　　D. 系统参数

2. 参数 P304 指的是电动机的（　　　）。

A. 额定电压　　　　B. 工作电流　　　　C. 电动机额定功率　D. 电动机额定转速

3. 进行电动机参数调试时，P0010 参数必须设置为（　　　）。

A. 0　　　　　　　B. 1　　　　　　　C. 2　　　　　　　D. 3

4. 变频器准备运行时，P0010 参数必须设置为（　　　）。

A. 0　　　　　　　B. 1　　　　　　　C. 2　　　　　　　D. 3

5. 当采用二进制编码进行多段速选择时，P1060 参数需设置为（　　　）。

A. 0　　　　　　　B. 1　　　　　　　C. 2　　　　　　　D. 3

6. 当采用直接选择固定设定值模式时，P1060 参数需设置为（　　　）。

A. 0　　　　　　　B. 1　　　　　　　C. 2　　　　　　　D. 3

7. 当采用外端子控制实现电动机 3 种段速以上运行时，P0015 参数需设置为（　　　）。

A. 12　　　　　　B. 17　　　　　　C. 2　　　　　　　D. 3

8. 设置变频器运行速度主设定值信号源的参数是（　　　）。

A. P1070　　　　　B. r1024　　　　　C. P0840　　　　　D. r1050

9. 设置变频器"ON/OFF（OFF1）"信号源的参数是（　　　）。

A. P1070　　　　　B. r1024　　　　　C. P0840　　　　　D. r1050

10. 设置宏文件驱动设备的参数是（　　　）。

A. P1070　　　　　B. r1024　　　　　C. P0840　　　　　D. P0015

任务 4.2　PLC 模拟量输出给定运行速度

变频器的硬件
接线与编程

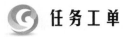 **任务工单**

任务名称	PLC 模拟量输出给定运行速度	预计时间	60 min
材料清单	元件：S7-1200 CPU 1214C DC/DC/DC、SB1232 信号板、24 V 稳压源、按钮、G120 变频器、三相交流异步电动机、传送带控制对象等； 工具：一字改锥、十字改锥、万用表、剥线钳、压线钳等； 耗材：导线、线针、线号管等	实施场地	PLC 控制柜、动力电源、G120 变频器、三相异步电动机 （条件受限且有传送带控制对象时，可以用其他元件替代、组合。建议配合组态画面）
任务描述	当按下设备启动按钮 SB1 时，变频器启动并且正向运行，其运行速度由 S7-1200 PLC 的 SB1232 信号板的模拟量输出通道给定（实际工程中可通过触摸屏画面给定）。在正向运行过程中，按下方向反向按钮 SB2 时，变频器反向运行，速度仍为模拟量通道给定的速度。无论在正向或反向运行过程中，只要按下设备停止按钮 SB4，变频器就停止运行。当变频器出现故障报警时，按下 SB3 即可进行故障确认		
素质目标	（1）通过开展小组任务，培养学生团队协作意识； （2）通过对硬件设备参数的设置，培养学生的实践操作能力； （3）通过利用不同方法实现对模拟量调速，培养学生举一反三的能力		
知识目标	（1）了解 G120 常用调速方法； （2）掌握双线制控制方法的宏程序及端子定义； （3）掌握三线制控制方法的宏程序及端子定义； （4）掌握 PLC 线性变换指令		
能力目标	（1）熟练应用 StartDrive 软件进行变频器基本参数和功能参数的设置； （2）正确进行 PLC 和变频器间的信号连接； （3）会根据任务要求进行 PLC 模拟量输出控制运行速度的程序编写； （4）会排除联机调试过程中出现的问题及故障		
资讯	S7-1200 用户手册 G120 简单调试手册 G120C 参数手册 产品网站、自动化网站等		

知识库

知识点 1：外端子启停和模拟量调速实现方法

变频器外端子控制启停和模拟量调速的实现方法主要有两类：一类是双线制控制；另一类是三线制控制。根据宏程序定义不同，启停控制的端子功能又有所区别。变频器频率设定值来源于外部模拟量输入。下面针对电动机正转启动和反转启动通过不同的数字量输入 DI 进行控制，转速通过模拟量输入 AI 0 进行调节，AI 0 默认为 −10 ~ +10 V 输入方式，介绍外端子控制中的双线制控制方法 1、方法 2、方法 3 以及三线制控制方法 1、方法 2。

知识点 2：双线制控制方法

双线制控制是一种开关触点闭合/断开式的启停控制方式，具体方法有以下几种。

1. 双线制控制方法 1（P0015 = 12）

通过数字量输入 DI 0 控制电动机的 ON/OFF1，通过另一个数字量输入 DI 1 控制电动机的反转，转速通过模拟量输入 AI 0 调节。

图 4.2−1　宏 12 端子定义图

P0015 = 12 时，默认端子定义如图 4.2−1 所示。变频器自动化设置下列输入输出端口的功能。

数字量输入 DI 0：启动。

数字量输入 DI 1：设定值反向。

数字量输入 DI 2：故障应答（复位）。

模拟量输入 AI 0：主设定值。

模拟量输出 AO 0：电动机转速。

模拟量输出 AO 1：变频器输出电流。

数字量输出 DO 0：变频器故障。

数字量输出 DO 1：变频器报警。

双线制控制方法 1 的控制时序图如图 4.2−2 所示。

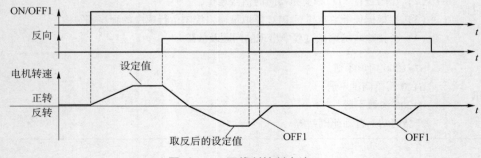

图 4.2−2　双线制控制方法 1

其动作功能如表 4.2-1 所示。

表 4.2-1   双线制控制方法 1 功能表

ON/OFF1	反向	功能
0	0	OFF1：停止电动机
0	1	OFF1：停止电动机
1	0	ON：电动机正转
1	1	ON：电动机反转

2. 双线制控制方法 2（P0015 = 17）

通过数字量输入 DI 0 控制电动机的 ON/OFF1，通过另一个数字量输入 DI 1 控制电动机的反转 ON/OFF，转速通过模拟量输入 AI 0 调节。

P0015 = 17 时，默认端子定义如图 4.2-3 所示。

在这种控制方法中，第一个控制指令（ON/OFF1）用于接通和关闭电动机，并同时选择电动机的正转。第二个控制指令同样用于接通和关闭电动机，同时选择电动机的反转。仅在电动机静止时变频器才会接受新指令。

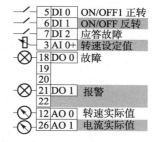

图 4.2-3   宏 17 端子定义图

双线制控制方法 2 的控制时序图如图 4.2-4 所示。

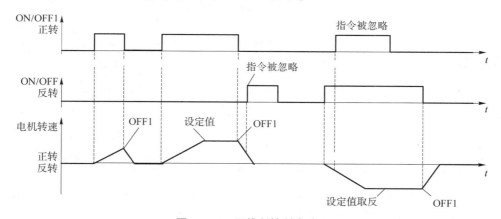

图 4.2-4   双线制控制方法 2

其动作功能如表 4.2-2 所示。

表 4.2-2   双线制控制方法 2 功能表

ON/OFF1 正转	ON/OFF 反转	功能
0	0	OFF1：停止电动机
0	1	ON：电动机反转
1	0	ON：电动机正转
1	1	ON：电动机旋转方向以第一个为"1"的信号为准

此方法的特点是变频器只能在电动机停止时接受新的启动命令，如果正转启动和反转启动同时接通，电动机按照之前的旋转方向运动。

3. 双线制控制方法 3（P0015 = 18）

通过一个数字量输入 DI 0 控制电动机的 ON/OFF1，通过另一个数字量输入 DI 1 控制电动机的反转 ON/OFF，转速通过模拟量输入 AI 0+调节。在这种控制方法中，第一个控制指令（ON/OFF1）用于接通和关闭电动机，并同时选择电动机的正转。第二个控制指令同样用于接通和关闭电动机，同时选择电动机的反转。与方法 2 不同的是，在这种方法中变频器可随时接受控制指令，与电动机是否旋转无关。

P0015 = 18 时，默认端子定义与图 4.2-3 所示相同。双线制控制方法 3 的控制时序如图 4.2-5 所示。其动作功能如表 4.2-3 所示。

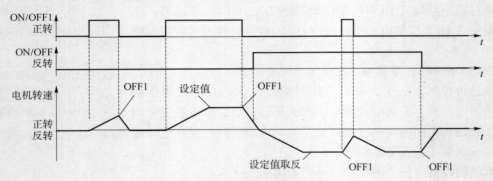

图 4.2-5　双线制控制方法 3

表 4.2-3　双线制控制方法 3 功能表

ON/OFF1 正转	ON/OFF 反转	功能
0	0	OFF1：停止电动机
0	1	ON：电动机反转
1	0	ON：电动机正转
1	1	OFF1：电动机停止

此方法的特点是变频器可以在任何时刻接受新的启动命令，但是当正转启动和反转启动同时接通时，电动机将按 OFF1 斜坡停止。

知识点 3：三线制控制方法

三线制控制方法是一种脉冲上升沿触发的启停方式，具体有以下几种。

1. 三线制控制方法 1（P0015 = 19）

在这种控制方法中，第一个控制指令用于使能另外两个控制指令，取消使能后，电动机关闭（OFF1）。第二个控制指令的上升沿将电动机切换至正转，若电动机处于未接通状态，则会接通电动机（ON）。第三个控制指令的上升沿将电动机切换至反转，若电动机处于未接通状态，则会接通电动机（ON）。

P0015＝19 时，默认端子定义如图 4.2-6 所示。三线制控制方法 1 的控制时序图如图 4.2-7 所示。其动作功能如表 4.2-4 所示。

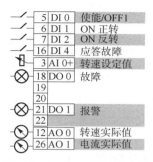

图 4.2-6 宏 19 端子定义图

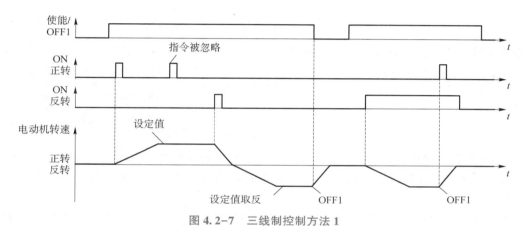

图 4.2-7 三线制控制方法 1

表 4.2-4 三线制控制方法 1 功能表

使能/OFF1	ON 正转	ON 反转	功能
0	0 或 1	0 或 1	OFF1：停止电动机
1	0→1	0	ON：电动机正转
1	0	0→1	ON：电动机反转
1	1	1	OFF1：电动机停止

2. 三线制控制方法 2（P0015＝20）

在这种控制方法中，第一个控制指令用于使能另外两个控制指令，取消使能后，电动机关闭（OFF1）。第二个控制指令的上升沿接通电动机（ON）。第三个控制指令确定电动机的旋转方向（换向）。

P0015＝20 时，默认端子定义如图 4.2-8 所示。三线制控制方法 2 的控制时序如图 4.2-9 所示。其动作功能如表 4.2-5 所示。

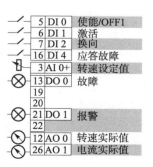

图 4.2-8 宏 20 端子定义图

169

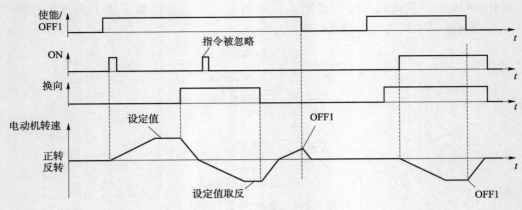

图 4.2-9　三线制控制方法 2

表 4.2-5　三线制控制方法 2 功能表

使能/OFF1	ON 激活	换向	功能
0	0 或 1	0 或 1	OFF1：停止电动机
1	0→1	0	ON：电动机正转
1	0→1	1	ON：电动机反转

　　宏 19 和宏 20 的区别是：宏 19 通过 DI 2（脉冲）即可实现反转运行；而对于宏 20，接通 DI 2 仅实现了换向的功能（即 DI 2 本身不具备启动功能），要实现反转运行，还需要 DI 1 启动命令的配合。

　　通过数字量输入控制变频器的启停，通过模拟量进行转速设定的 5 种方法，电动机启停、控制指令及对应宏如表 4.2-6 所示。

表 4.2-6　控制方法及对应宏设置

	控制指令	对应宏
正转　停止　反转　停止		
电动机 ON/OFF 换向	双线制控制，方法 1 ①正转启动（ON/OFF1） ②切换电动机旋转方向（反向）	宏 12
电动机 ON/OFF 正转 电动机 ON/OFF 反转	双线制控制，方法 2、方法 3 ①正转启动（ON/OFF1） ②反转启动（ON/OFF）	宏 17 宏 18

	控制指令	对应宏
正转　停止　反转　停止		
使能/电动机 OFF 电动机 ON/正转 电动机 ON/反转	三线制控制，方法 1 ①断开停止电动机（OFF1） ②脉冲正转启动 ③脉冲反转启动	宏 19
使能/电动机 OFF 电动机通电 换向	三线制控制，方法 2 ①断开停止电动机（OFF1） ②脉冲正转启动 ③切换电动机旋转方向（反向）	宏 20

知识点 4：模拟量转换指令

1. 标准化指令 NORM_X

通过将输入 VALUE 中变量的值映射到线性标尺对其进行标准化，可以使用参数 MIN 和 MAX 定义（应用于该标尺的）值范围的限值。输出 OUT 中的结果经过计算并存储为浮点数，这取决于要标准化的值在该值范围中的位置。如果要标准化的值等于输入 MIN 中的值，则输出 OUT 将返回值 "0.0"。如果要标准化的值等于输入 MAX 的值，则输出 OUT 需返回值 "1.0"。其指令及标准化示意图如图 4.2-10 所示。

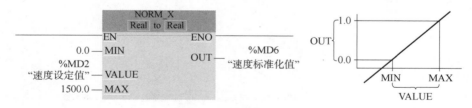

图 4.2-10　标准化指令格式

"标准化" 指令计算公式为：

$$OUT = \frac{VALUE-MIN}{MAX-MIN} \tag{4.2-1}$$

2. 缩放指令 SCALE_X

缩放指令通过将输入 VALUE 的值映射到指定的值范围内，对该值进行缩放。当执行缩放指令时，输入 VALUE 的浮点值会缩放到由参数 MIN 和 MAX 定义的值范围。缩放结果为整数，存储在 OUT 输出中。其指令格式如图 4.2-11 所示。

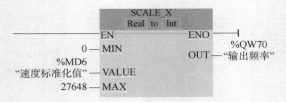

图 4.2-11　缩放指令格式

缩放指令输出计算公式为

$$OUT = [VALUE×(MAX-MIN)] +MIN \qquad (4.2-2)$$

注意：对于 S7-1200 PLC 的模拟量，无论是输入通道还是输出通道，工程量对应的 PLC 内部数值均为 0~27 648，不再是 S7-200 对应的 0~32 000。

工具箱

技能点 1：利用 StartDrive 软件进行变频器参数调试

1. G120 在线恢复出厂设置

在项目树下通过"在线访问"找到 G120 变频器，单击图 4.2-12 所示的 1 位置的"调试"，弹出变频器在线调试窗口，单击图中 2 位置的"保存/复位"，在图中 3 位置的"恢复出厂设置"下选择"所有参数将会复位"选项，单击 4 位置的"启动"按钮，则会弹出图 5 位置的"恢复出厂设置"对话框，等待参数恢复出厂设置。

图 4.2-12　G120 在线恢复出厂设置

2. 利用调试向导进行快速调试

变频器参数恢复出厂设置完成后，利用图 4.2-13 位置 1 所示的"调试向导"进行快速调试，根据变频器所驱动的负载情况，每完成一步操作后，单击"下一页"按钮进行后面参数的设置，直至全部设置完成后，单击"完成"按钮即可。

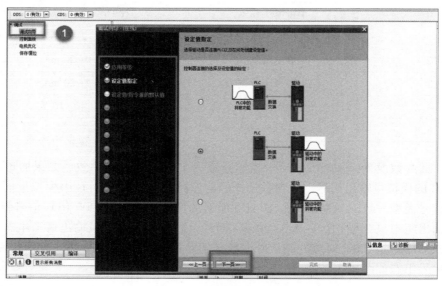

图 4.2-13　变频器参数调试向导

技能点 2：确定输入通道模拟量信号类型

1. G120 模拟量输入通道 DIP 开关选择信号类型

每个模拟量输入通道都有 DIP 开关，当设置为电压输入时，必须将 DIP 开关 AI 0/1 调节到位置"OFF"（0~10 V）上。当设置为电流输入时，必须将 DIP 开关 AI 0/1 调节到位置"ON"（0~20 mA）上，如图 4.2-14 所示。同时该通道上选择的信号类型必须与 P0756 参数选择的信号类型一致。

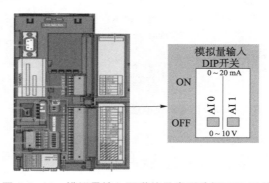

图 4.2-14　模拟量输入通道信号类型选择 DIP 开关

2. P0756 参数设置模拟输入类型

P0756 参数需根据输入通道实际信号类型确定，P0756 参数值与信号类型对应关系如表 4.2-7 所示。

表 4.2-7 P0756 参数类型一览表

P0756 参数值	信号类型	信号量程
0	单极电压输入	0~10 V
1	监控单极电压输入	2~10 V
2	单极电流输入	0~20 mA
3	监控单极电流输入	4~20 mA
4	双极电压输入	−10~10 V
8	未连接传感器	

注意：此参数设置必须与变频器上模拟量输入 DIP 开关选择一致。如果通道接收的信号来自 PLC 的模拟量输出信号，此参数选择的信号类型还需要与 PLC 中模拟量信号输出通道组态的信号类型一致。如在本任务中 AI 0 通道的信号来自 S7-1200 PLC 信号板 SB1232，该信号板输出组态只有+/-10 V 和 0~20 mA 两种，因此当该信号板输出通道组态为电压输出时，接入 G120 的 AI 0，对应的 P0756 参数必须设置为 4。S7-1200 PLC 信号板 SB1232 输出通道的信号组态如图 4.2-15 所示。

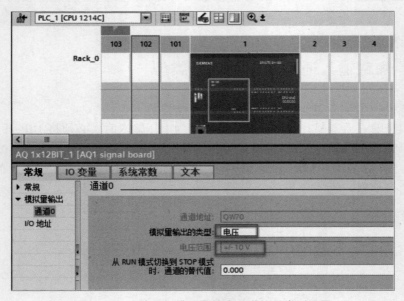

图 4.2-15 信号板模拟量输出通道信号类型设置

技能点 3：设置模拟量输入的定标曲线

模拟量通道的信号类型确定后，在使用前还需对其进行标定。模拟输入的定标曲线通过 2 个点来定义，相关参数为 P0757、P0758、P0759、P0760。

P0757 参数给出了特性曲线第 1 值对的 X 坐标（单位为 V 或 mA），P0758 参数给出了特性曲线第 1 值对的 Y 坐标（为百分比值），P0759 参数给出了特性曲线第 2 值对的 X 坐标

（单位为 V 或 mA），P0760 参数给出了特性曲线第 2 值对的 Y 坐标（为百分比值）。即线性定标由平面上的两个点（P0757，P0758）和（P0759，P0760）确定。如当 P0756 = 4 时，对应的定标曲线参数如图 4.2-16 所示，则 P0757 = −10.0 V、P0758 = −100.0%、P0759 = +10.0 V，并且 P0760 = 100.0%。

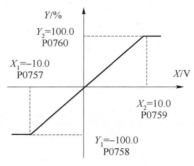

图 4.2-16　P0756 = 4 时信号定标曲线示意图

在本任务中，SB1232 输出为双极性电压信号（−10 V，+10 V），但是如果 P0015 = 12、采用双线制控制方法 1 实现调速时，由于电动机旋转方向由 DI 信号控制，速度信号只需给定速度的绝对值即可，即速度对应值为 0~10 V，此时在信号标定时只需设置 P0757 = 0 V、P0758 = 0%、P0759 = +10.0 V、P0760 = 100.0% 即可。

技能点 4：设置功能参数

当采用宏 12 的方式实现外端子控制启停、模拟量实现调速时，在电动机参数快速调试完成的基础上，由模拟量输入通道 AI 0 实现调速还需修改表 4.2-8 中的功能参数。

表 4.2-8　模拟量调速功能参数设置表

序号	参数	设定值	功能说明
1	P0010	0/1	0：变频器就绪；1：快速调试。注意，修改参数时确保 P0010 设置为 1，运行时确保 P0010 设置为 0
2	P0015	12	采用两线制控制方法 1，模拟量调速（本任务以宏 12 为例实现，也可以采用其他方法）
3	P0756 [0]	4	双极电压输入（−10~+10 V）（需根据技能点 2 中的参数确定，与实际接收信号一致）
4	P0757 [0]	0.0	模拟量定标 X_1 点的值（V）
5	P0758 [0]	0.0	模拟量定标 Y_1 点的值（%）
6	P0759 [0]	10.0	模拟量定标 X_2 点的值（V）
7	P0760 [0]	100.0	模拟量定标 Y_2 点的值（%）
8	P1070	755.0	AI 0 设置为主设定值

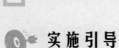
实施引导

1. 任务分析

根据任务工单，分析变频器控制要求：由 S7-1200 PLC 的 SB1232 信号板的模拟量通道给定变频器的速度值，由接入 S7-1200 的按钮信号控制变频器的启停及正/反转，即由外端子控制变频器的启停，由模拟量输入控制速度。根据 P0015 的宏程序定义，分析 P0015 = 12、P0015 = 17、P0015 = 18 时均能实现任务的要求。本任务采用 P0015 = 12 实现。

组态 SB1232 的输出通道地址如图 4.2-17 所示，此地址在编写程序时会使用。同时修改通道的输出类型（见技能点 2）。

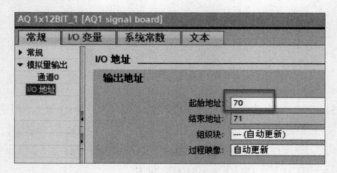

图 4.2-17　组态模拟量输出通道地址

2. I/O 分配表

根据任务分析，进行 I/O 分配，如图 4.2-18 所示。

名称	数据类型	地址
启动+正向运行按钮	Bool	%I0.0
反向按钮	Bool	%I0.1
故障确认按钮	Bool	%I0.2
停止按钮	Bool	%I0.3
ON/OFF1控制信号	Bool	%Q0.0
换向信号	Bool	%Q0.1
故障应答信号	Bool	%Q0.2
速度控制信号	Int	%QW70

图 4.2-18　模拟量调速控制 I/O 分配表

3. 硬件接线

按任务要求及 I/O 分配表完成硬件接线，如图 4.2-19 所示。

说明：本接线图中采用信号直连的方式，即 PLC 的输出直接接入 G120 的输入。PLC 输出电源使用 G120 的内部电源。也可使用外部电源，其接线方法参考变频器手册。

4. 任务实施过程及参考程序

（1）恢复变频器工厂默认值，并进行电动机参数快速调试（见任务 4.1）。

（2）进行变频器功能参数调试（见技能点 4）。

（3）按硬件接线图进行接线。

（4）编写 PLC 控制程序。

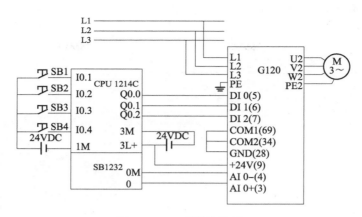

图 4.2-19　硬件接线图

参考程序如图 4.2-20 所示。

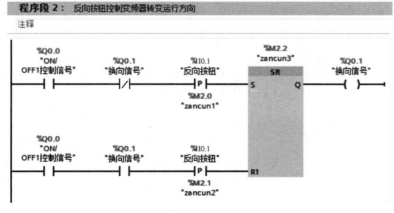

图 4.2-20　示例程序

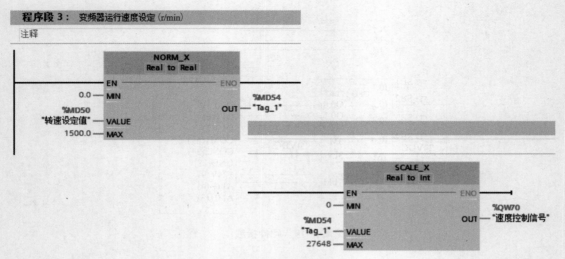

图 4.2-20　示例程序（续）

　　说明：本例中电动机额定转速 P0311 为 1 500 r/min，硬件组态 AQ 输出地址为 QW70。实际工程应用中，频率设定值 MD50 的值通常由触摸屏给定（此时设定转速单位为 r/min）。

任 务 实 施 记 录 单

任务名称	PLC 模拟量输出给定运行速度	完成时长	
组别		组长	
组员姓名			
材料清单	元件：S7-1200 CPU 1214C DC/DC/DC、SB1232 信号板、24 V 稳压源、按钮、G120 变频器、三相交流异步电动机、传送带控制对象等； 工具：一字改锥、十字改锥、万用表、剥线钳、压线钳等； 耗材：导线、线针、线号管等	实施场地	
		费用预算	
任务要求	当按下设备启动按钮 SB1 时，变频器启动并且正向运行，其运行速度由 S7-1200 PLC 的模拟量输出通道给定（实际工程中可通过触摸屏画面给定）。在正向运行过程中，按下方向反向按钮 SB2 时，变频器反向运行，速度仍为模拟量通道给定的速度。无论在正向还是反向运行过程中，只要按下设备停止按钮 SB4，变频器就停止运行。当变频器出现故障报警时，按下 SB3 按钮即可进行故障确认		
资讯与参考			
决策与方案			
实施步骤与过程记录			

任务名称	PLC 模拟量输出给定运行速度		完成时长	
检查与评价	自我检查记录			
	结果记录			
文档清单	列写本任务完成过程中涉及的所有文档，并提供纸质或电子文档。			
	序号	文档名称	电子文档存储路径	完成时间	负责人
	1				
	2				

考 核 评 价 单

任务名称	PLC 模拟量输出给定运行速度		验收结论	
验收负责人			验收时间	
验收成员				
材料清单	元件：S7－1200 CPU 1214C DC/DC/DC、SB1232 信号板、24 V 稳压源、按钮、G120 变频器、三相交流异步电动机、传送带控制对象等； 工具：一字改锥、十字改锥、万用表、剥线钳、压线钳等； 耗材：导线、线针、线号管等		费用核算	
任务要求	当按下设备启动按钮 SB1 时，变频器启动并且正向运行，其运行速度由 S7-1200 PLC 的模拟量输出通道给定（实际工程中可通过触摸屏画面给定）。在正向运行过程中，按下方向反向按钮 SB2 时，变频器反向运行，速度仍为模拟量通道给定的速度。无论在正向或反向运行过程中，只要按下设备停止按钮 SB4，变频器就停止运行。当变频器出现故障报警时，按下 SB3 即可进行故障确认			
方案确认				
实施过程与结果确认				

验收要点	评价列表	验收要点	配分	得分
	素养评价	纪律（无迟到、早退、旷课）	10	
		安全规范操作，符合 5S 管理	10	
		团队协作能力、沟通能力	10	
	工程技能	元件选择正确	10	
		元件安装位置合理，安装稳固；接线工艺符合规范，走线平直	10	
		PLC I/O 分配合理，完整	10	
		变频器接线正确	10	
		电动机参数设置正确	10	
		功能参数设置正确	10	
		PLC 控制程序功能完整，符合控制要求	10	
		总评得分		

任务名称	PLC 模拟量输出给定运行速度	验收结论	
效果评价	1. 目标完成情况 2. 知识技能增值点 3. 存在问题及改进方向		

文档接收清单	列写本任务完成过程中涉及的所有文档，并提供纸质或电子文档。		

序号	文档名称	接收人	接收时间
1			
2			

技为我用

污水处理设备（图4.2-21）的主传动电动机转速控制是根据污水处理设备箱体内的液位高度决定的，0~1.2 m 对应变频器的输出频率为 25~45 Hz，请设计出通过 PLC 模拟量控制变频器输出频率的控制方案，包括实现上述 S7-1200 PLC 功能、G120 变频器的硬件接线图、PLC 控制程序、G120 变频器参数设置表等。

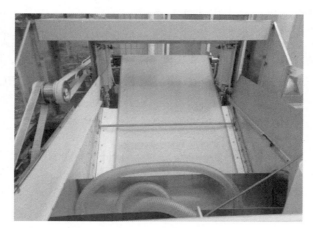

图 4.2-21　污水处理设备调速控制

进阶测试

选择题

1. 当变频器的速度由模拟量输入通道 AI 0 给定时，P1070 参数应设置为（　　）。

A. 755.0　　　　　B. 755.1　　　　　C. 760.0　　　　　D. 760.1

2. 进行变频器参数修改时，P0010 参数应设置为（　　）。

A. 0　　　　　　　B. 1　　　　　　　C. 2　　　　　　　D. 3

3. 当采用两线制控制方法 1 实现外端子控制启停时，其宏程序 P0015 参数应设置为（　　）。

A. 12　　　　　　　B. 17　　　　　　　C. 18　　　　　　　D. 19

4. 当 AI 0 输入信号为 4~20 mA 的信号时，P0756 参数应设置为（　　）。

A. 0　　　　　　　B. 1　　　　　　　C. 4　　　　　　　D. 3

5. 当 AI 0 输入信号为 4~20 mA 的信号时，其定标曲线的 P0757、P0758 参数设置正确的是（　　）。

A. 0，0　　　　　　B. 0，4　　　　　　C. 4，0　　　　　　D. 0，20

6. S7–1200 PLC 中对模拟量输出信号进行缩放，其最大值应为（　　）。

A. 32 000　　　　　B. 32 768　　　　　C. 65 536　　　　　D. 27 648

7. 当 P0015＝12，DI 1＝0，DI 2＝1 时，电动机（　　）。

A. 反向运行　　　　　　　　　　　B. 正向运行

C. 正向运行一段时间后反向运行　　　D. 停止运行

8. SB1232 信号板的模拟量输出通道选择电压输出时，其输出电压范围为（　　）。

A. 0~10 V　　　　B. 2~10 V　　　　C. −10~10 V　　　　D. 4~10 V

9. PLC 每个模拟量输出信号占用地址为（　　）。

A. 一个字节　　　　B. 一个字　　　　C. 一个双字　　　　D. 一个位

10. PLC 中可以将任何工程数据标准化处理为 0~1.0 之间的数据，该指令是（　　）。

A. SCALE_X　　　　B. NORM_X　　　　C. TSEND_C　　　　D. TRCV_C

任务 4.3　Profinet 通信控制 G120 调速

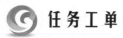 **任务工单**

Profinet 通信控制
G120 的调速

任务名称	**Profinet 通信控制 G120 调速**	预计时间	**60 min**
材料清单	元件：S7-1200 CPU 1214C DC/DC/DC、24 V 稳压源、按钮、G120 变频器、三相交流异步电动机、传送带控制对象等； 工具：一字改锥、十字改锥、万用表、剥线钳、压线钳等； 耗材：导线、线针、线号管等	实施场地	PLC 控制柜、动力电源、G120 变频器、三相异步电动机等（条件受限且无传送带控制对象时，可以用其他元件替代、组合。建议配合组态画面）
任务描述	通过 Profinet 通信控制 G120 的启停及调速。设备的启停和速度的给定可以通过 HMI 组态画面给定		
素质目标	（1）通过分组开展项目任务实施，培养学生团队合作意识； （2）通过 BOP-2 面板进行变频器参数调试，培养学生的实践动手能力； （3）通过对联机调试故障的排查，培养学生精益求精的工匠精神		
知识目标	（1）熟悉标准报文 1 控制字定义； （2）熟练掌握主设定值的数据格式； （3）熟练掌握 Profinet 通信的功能参数设置		
能力目标	（1）熟练应用 StartDrive 软件或 BOP-2 面板进行变频器基本参数和功能参数的设置； （2）会在 TIA 中熟练进行 G120 设备组态； （3）会在线进行设备名的修改； （4）会排除联机调试过程中出现的问题及故障		
资讯	S7-1200 用户手册 G120 简单调试手册 G120C 参数手册 自动化网站等		

知识库

知识点 1：Profinet 通信简介

Profinet 是由 Profinet & Profinet International（PI）推出的开放式工业以太网标准，是基于工业以太网技术的自动化总线标准，为自动化通信领域提供了一个完整的网络解决方案，如图 4.3-1 所示，其功能主要包括过程控制、运动控制、网络安全等。

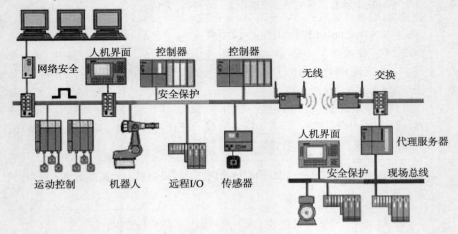

图 4.3-1　Profinet 网络示意图

根据响应时间的不同，Profinet 有 3 种通信方式，如图 4.3-2 所示，分别如下。

1. TCP/IP 标准通信

基于工业以太网技术，使用 TCP/IP 和 IT 标准。其响应时间大概在 100 ms 的量级，适用于工厂控制级。

2. 实时（RT）通信

此方式适用于传感器和执行器设备之间的数据交换，典型响应时间是 5~10 ms。

3. 同步实时（IRT）通信

在现场级通信中，对通信实时性要求最高的是运动控制（Motion Control），在 100 个节点下，其响应时间要小于 1 ms，抖动误差要小于 1 μs，以此来保证及时、准确的响应。

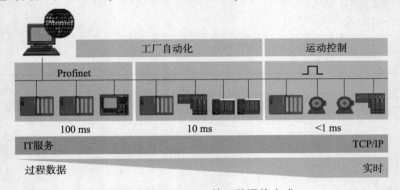

图 4.3-2　Profinet 的 3 种通信方式

知识点 2：PZD1 控制字

Profinet I/O 控制器对变频器进行参数访问有两种方式：周期性通信时，通过 PKW 通道（参数数据区），Profinet I/O 控制器可以读写变频器参数，每次只能读或写一个参数，PKW 通道的长度固定为 4 个字；非周期通信时，Profinet I/O 控制器通过非周期通信访问变频器数据记录区，每次可以读或写多个参数。周期性报文格式如图 4.3-3 所示。

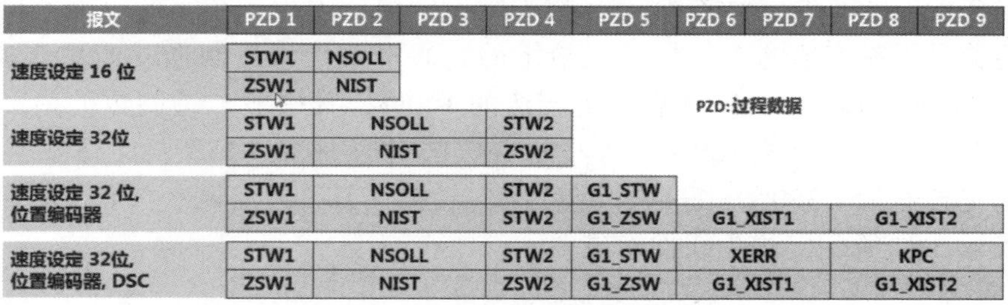

图 4.3-3　常见周期性通信报文格式

在图 4.3-3 中，STW1：控制字 1；NSOLL：速度设定值；ZSW1：状态字 1；NIST：速度反馈值。

报文中 PZD1 是一个 16 位的控制字，每一位的定义如表 4.3-1 所示，最低位即 bit0 是 ON/OFF1 命令位，1 有效，因此变频器运行时该位必须设置为 1，停止时为 0。bit1 位为 OFF2 惯性自由停车，该位是 0 有效，所以正常运行时，该位必须设置为 1。

表 4.3-1　PZD1 控制字定义

正转 47F		停止 47E		反转 C7F		位	描述	有效
F	1	E	0	F	0	0	ON（斜坡上升）/OFF1（斜坡下降）	1
	1		1		1	1	OFF2：按惯性自由停车	0
	1		1		1	2	OFF3：快速停车	0
	1		1		1	3	脉冲使能	1
7	1	7	1	7	1	4	斜坡函数发生器（RFG）使能	1
	1		1		1	5	RFG 开始	1
	1		1		1	6	设定值使能	1
	0		0		0	7	故障确认	1
4	0	4	0	C	0	8	正向点动	1
	0		0		0	9	反向点动	1
	1		1		1	10	由 PLC 进行控制	1
	0		0		1	11	设定值反向	1
0	0	0	0	0	0	12	保留	
	0		0		0	13	用电动电位计（MOP）升速	1
	0		0		0	14	用 MOP 降速	1
	0		0		0	15	CDS bit0	1

需要特别注意的是，ON/OFF1 启动时，必须有一个边沿变化，并且不能激活 OFF2 和 OFF3。

根据每一位的定义，当 PLC 控制变频器正转启动时，该控制字应为 16#047F，停止时为 16#047E，反转时为 16#0C7F。

知识点 3：PZD2 设定值

通信报文 1 中转速设定值 NSOLL 又称为主设定值，占用一个字的存储空间。变频器的速度设定值是以额定值的百分数形式给定的。通常以十六进制形式给出，16#4000 即二进制 0100 0000 0000 0000，对应额定转速的 100%，其中该二进制数的最高位为符号位，次高位对应额定转速的 100%，从左向右依次对应 50%、25%、12.5%、…，由此，当电动机额定转速为 1 350 r/min 时，变频器设定值与实际运行频率、运行转速之间的对应关系如表 4.3-2 所示，均为线性对应。

表 4.3-2　十六进制速度值与运行频率对应关系表

实际值（十六进制）	实际值（十进制）	实际值/Hz	额定负载下实际值/(r · min⁻¹)
4 000	16 384	50	1 350
3 000	12 288	37.5	1 012.5
2 000	8 192	25	675
1 800	6 144	18.75	506.25
1 000	4 096	12.5	337.5
800	2 048	6.25	168.75

如工程应用中需设定运行频率为 30 Hz，则变频器的设定值应为 $30/50 \times 16\ 384 = 9\ 830.4$，而近似值 9830 转换为十六进制为 16#2666，因此设定值应为 16#2666。

🎯 工具箱

技能点 1：在 TIA 中组态 PLC 硬件

在 TIA Portal 硬件组态窗口中，根据实际 PLC 的订货号组态 CPU 1214C 后，双击图 4.3-4 中 1 位置的 CPU，打开 CPU 属性设置窗口，或者直接双击 CPU 左下角的绿色以太网口，打开以太网参数设置巡视窗口。选择图中 2 位置的"以太网地址"以进行设置，在 3 位置单击"添加新子网"按钮，使用默认网络名称 PN/IE_1，在 4 位置设置"IP 地址"为 192.168.0.1（在此选择默认）。

去掉图 4.3-5 中 1 位置"自动生成 PROFINET 设备名称"复选框的勾选，在 2 位置输入 PROFINET 设备名称，如"s1200"。完成后，单击工具条中的"编译"按钮进行编译并保存。

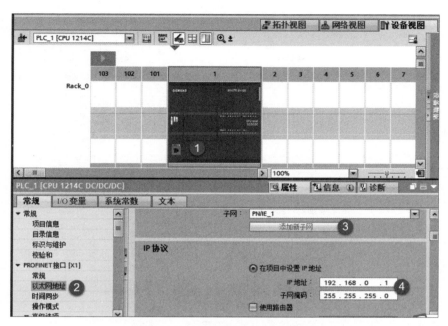

图 4.3-4　修改 PLC 的网络和地址

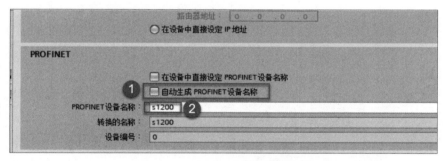

图 4.3-5　修改 PLC 的设备名称

技能点 2：添加 G120 并组态网络

单击项目树中的"设备和网络"，再单击图 4.3-6 中 1 位置的"网络视图"进入网络视图页面，在该视图的硬件目录中单击"其他现场设备"前面的三角符号，展开设备列表，依次单击"PROFINET I/O"→"Drives"→"SIEMENS AG"→"SINAMICS"，展开 3 位置的"SINAMICS"设备列表。

在图 4.3-7 所示位置的硬件列表下的 4 位置，选择"G120C PN V4.7"设备（注意：此设备需同真实设备一致）。双击或用鼠标左键选中拖动此设备到网络视图的空白处，出现 5 位置所示的 G120 设备。单击蓝色文本"未分配"，出现图中 6 位置所示的"选择 I/O 控制器"，因为已经把 PLC 的网络端口打开，所以出现可供选择的 PLC 设备接口名称，单击该 PLC 设备接口名称，即可出现图中 7 位置所示的变频器与控制器的网络连接轨道指示图标。

图 4.3-6　西门子驱动器硬件位置图

图 4.3-7　组态 G120 的步骤

技能点 3：组态 G120 的 IP 地址和设备名称

双击网络视图窗口中的 G120 设备图标，打开 G120 变频器的设备视图，如图 4.3-8 所示。单击图中 1 位置的 G120 设备以太网口，打开属性设置窗口。单击图中 2 位置的 "以太网地址"，检查子网是否连接到其控制器 PLC 连接的子网 PN/IE_1，如图中 3 位置所示。在图中 4 位置修改 IP 地址，将其修改为与控制器 PLC 同网段，但 IP 地址不同。示例中变频器 IP 地址为 192.168.0.2。

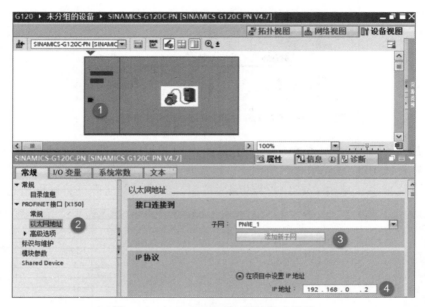

图 4.3-8　G120 设备 IP 地址修改视图

下拉图 4.3-8 中的属性设置窗口，打开图 4.3-9 所示的设备名称修改窗口，图中将 5 位置 "自动生成 PROFINET 设备名称" 的勾选去掉，在图中 6 位置修改 PROFINET 设备名称为 "g120C"。注意设备名统一原则，即变频器硬件组态的设备名一定要与在线的变频器设备名一致；否则下载后会报错。

图 4.3-9　修改 G120 变频器设备名

技能点 4：组态 G120 的通信报文

S7-1200 控制 G120 的通信通道示意图如图 4.3-10 所示。组态 QD70 为控制字和主设定值的发送通道，即 QW70 发送控制字，QW72 发送主设定值，其设定具体要求详见知识点 2 和知识点 3。组态 ID70 为状态字和速度实际值的接收通道，即 IW70 接收变频器反馈的状态字，IW72 接收实际运行速度。

具体组态步骤如图 4.3-11 所示。单击图中 1 位置的左三角符号，打开设备概览视图，单击图中 2 位置的硬件目录打开硬件列表。用鼠标左键选中子模块下 3 位置的 "标准报文 1"，将 PZD2/2 拖动到图中 4 位置的 13 号插槽，或双击图中 3 位置的 "标准报文 1"，即可

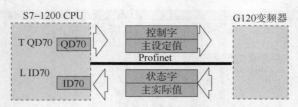

图 4.3-10　S7-1200 控制 G120 的通信连接示意图

自动将模块插入 13 号插槽。在图中 4 位置的 I 地址和 Q 地址处，修改通信的起始地址为 70，此地址在后续 PLC 写程序时会用到。

硬件组态完成后，单击 Portal 软件的编译按钮，编译无误后即可将硬件组态下载。

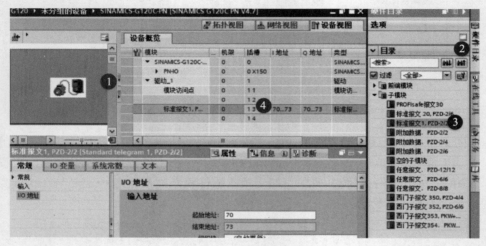

图 4.3-11　G120 通信报文组态步骤

技能点 5：在线修改设备名

在完成 S7-1200 和 G120 的硬件配置下载后，S7-1200 与 G120 还无法进行通信，必须在线为 S7-1200 和 G120 分配设备名称（Device Name），保证为所有设备实际分配的设备名称与硬件组态中为其分配的设备名称一致。

1. 为 S7-1200 PLC 分配设备名

在项目树中单击"在线访问"，在使用的通信接口上选择"更新可访问的设备"S7-1200 PLC 后，单击"在线和诊断"，打开"在线访问"对话框，如图 4.3-12 所示。单击图中 1 位置的"分配 PROFINET 设备名称"，可以看到右侧画面出现分配设备名的窗口，根据实际设备与 PC 的连接情况，修改"在线访问"的"PG/PC 接口的类型""PG/PC 接口"，再单击图中 3 位置的"更新列表"按钮可以查看网络中的可访问节点，如果实际设备名称与硬件组态中的名称不一致，则在状态栏会显示"设备名称不同"，如图 4.3-13 所示，此时，选中该 PLC，单击图中的"分配名称"按钮，会进行设备名称分配，分配完毕后可以从消息栏中 5 位置看到设备名称分配成功的提示（图 4.3-12），同时设备的"状态"也变为"确定"状态。

在"在线访问"窗口，也可以单击"重置为出厂设置"进行 PLC 的恢复出厂设置，或者单击"分配 IP 地址"在线修改设备的 IP 地址。

图 4.3-12　PLC 在线访问窗口

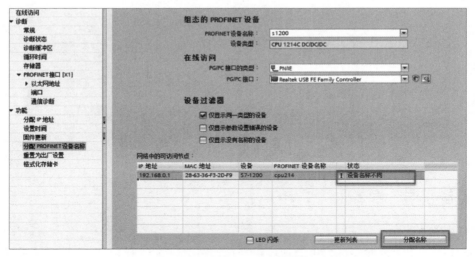

图 4.3-13　设备名称不同时的显示界面

2. 为 G120 分配设备名

通过单击"更新可访问的设备"，找到在线的 G120 变频器，单击"在线和诊断"，单击"命名"，设置 G120 的设备名称。设置界面如图 4.3-14 所示。

分配 IP 地址具体操作如图 4.3-15 所示。单击"分配 IP 地址"，修改 G120 设备的 IP 地址及子网掩码后，单击"分配 IP 地址"按钮，分配完成后，需重新启动驱动，新配置才能生效。

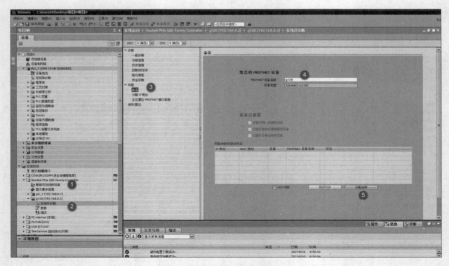

图 4.3-14　设置界面

图 4.3-15　更改 G120 的 IP 地址

实 施 引 导

1. 任务分析

根据任务工单，变频器的启停及速度给定均通过 Profinet 通信实现，但无须通过通信修改变频器的其他参数，因此通信协议选择"标准报文 1，PZD-2/2"即可实现。组态报文时要特别注意 I/Q 地址的设置，如图 4.3-16 所示，修改 I/Q 的起始地址均为 70，此地址在编写程序时会用到。G120 的网络组态见技能点 3 和技能点 4。

模块	…	机架	插槽	I 地址	Q 地址	类型	订货号
▼ SINAMICS-G120C-PN		0	0			SINAMICS G120C P...	6SL3 210-1KExx-xxFx
▶ PN-IO		0	0 X150			SINAMICS-G120C-PN	
▼ 驱动_1		0	1			驱动	
模块访问点		0	1 1			模块访问点	
		0	1 2				
标准报文 1, PZD-2/2		0	1 3	70...73	70...73	标准报文 1, PZD-2/2	

图 4.3-16　通信报文地址设置示例

S7-1200 通过 Profinet PZD 通信方式将控制字 1（STW1）和主设定值（NSOLL）周期性地发送至变频器，变频器将状态字 1（ZSW1）和实际转速（NIST）发送到 S7-1200。

根据知识点 2 和知识点 3 的控制字和设定值的格式定义，当需要变频器正向启动时，在 QW70 写入 16#047F，同时将运行频率写入 QW72。如果是 50 Hz 运行，将 16#4000H 写入 QW72，具体速度设定方法详见知识点 3。当需要 OFF1 停车时，将 16#047E 写入 QW70 即可。需要变频器反向运行时，将 16#0C7F 写入 QW70。

反馈的状态字在 IW70 中查看，实际运行的速度值则在 IW72 中查看。

2. I/O 变量表分配

通信控制时，通过变量监控表，结合 HMI 组态画面可以很方便地进行变频器运行状态监控。基于此，建立通信信号的变量监控表如图 4.3-17 所示。

名称	数据类型	地址
控制字	Word	%QW70
运行频率主设定值	Word	%QW72
状态字	Word	%IW70
实际运行频率	Word	%IW72
控制信号	Bool	%M1.0

图 4.3-17　通信控制变量表

3. 硬件连接

按任务要求，所有设备用 RJ45 接口的网线连通，如图 4.3-18 所示。

集成了Profinet通信接口的G120

CPU 1214C

PC+TIA Portal+StartDrive

异步电动机

图 4.3-18　硬件连接示意图

4. 任务实施过程及参考程序

（1）按硬件接线图，使用 RJ45 接口的网线将 PC、PLC、G120 设备连接起来。

（2）恢复变频器工厂默认值并进行电动机参数快速调试（既可以用 BOP-2 面板，也可以用 StartDrive 软件）。

（3）进行变频器功能参数调试。

设置 P15=7，选择"现场总线控制"；设置 P922=1，选择"标准报文 1，PZD-2/2"。此参数设置可以通过在线访问变频器，选择"参数表"→"调试"命令，将 P15 设置为 7，P922 设置为 1。注意：修改参数时，首先将 P10 修改为 1，参数设置完成后，再将 P10 参数修改为 0。参数修改参考图 4.3-19。

（4）按图 4.3-17 建好变量表。

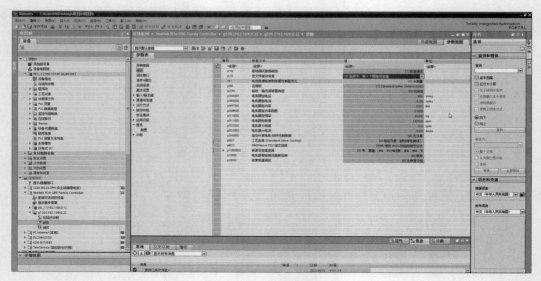

图 4.3-19 修改通信参数

5. PLC 控制程序编写

参考程序如图 4.3-20 所示。

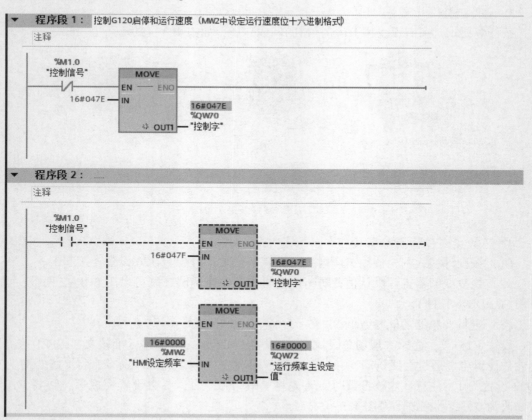

图 4.3-20 示例程序

　　说明：频率设定值 MW2 的值通常由触摸屏给定。给定格式为频率百分比格式。如果直接给定具体频率（Hz），则应对该参数进行转换，转换参考程序如图 4.3-21 所示。

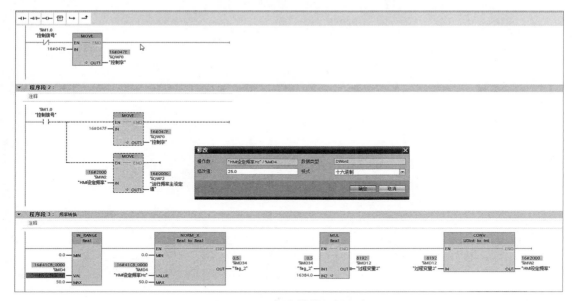

图 4.3-21　频率转换示例程序

任务实施记录单

任务名称	Profinet 通信控制 G120 调速	完成时长	
组别		组长	
组员姓名			
材料清单	元件：S7–1200 CPU 1214C DC/DC/DC、SB1232 信号板、24 V 稳压源、按钮、G120 变频器、三相交流异步电动机、传送带控制对象等； 　　工具：一字改锥、十字改锥、万用表、剥线钳、压线钳等； 　　耗材：导线、线针、线号管等	实施场地	
		费用预算	
任务要求	通过 Profinet 通信控制 G120 的启停及调速。设备的启停和速度的给定可以通过 HMI 组态画面给定		
资讯与参考			
决策与方案			
实施步骤与过程记录			

续表

任务名称	**Profinet 通信控制 G120 调速**		完成时长	
检查与评价	自我检查记录			
	结果记录			

列写本任务完成过程中涉及的所有文档，并提供纸质或电子文档。

文档清单	序号	文档名称	电子文档存储路径	完成时间	负责人
	1				
	2				

考核评价单

任务名称	**Profinet 通信控制 G120 调速**		验收结论	
验收负责人			验收时间	
验收成员				
材料清单	元件：S7 - 1200 CPU 1214C DC/DC/DC、SB1232 信号板、24 V 稳压源、按钮、G120 变频器、三相交流异步电动机、传送带控制对象等； 工具：一字改锥、十字改锥、万用表、剥线钳、压线钳等； 耗材：导线、线针、线号管等		费用核算	
任务要求	通过 Profinet 通信控制 G120 的启停及调速。设备的启停和速度可以通过 HMI 组态画面给定			
方案确认				
实施过程与结果确认				

验收要点	评价列表	验收要点	配分	得分
	素养评价	纪律（无迟到、早退、旷课）	10	
		安全规范操作，符合 5S 管理	10	
		团队协作能力、沟通能力	10	
	工程技能	元件选择正确	10	
		元件安装位置合理，安装稳固；硬件接线符合接线工艺，走线平直，装接稳固	10	
		通信地址组态正确	10	
		变频器接线正确	10	
		电动机参数设置正确	10	
		保温参数设置正确	10	
		PLC 控制程序功能完整，符合控制要求	10	
	总评得分			

任务名称	Profinet 通信控制 G120 调速	验收结论	
效果评价	1. 目标完成情况 2. 知识技能增值点 3. 存在问题及改进方向		

文档接收清单	列写本任务完成过程中涉及的所有文档，并提供纸质或电子文档。		
	序号	文档名称	接收人	接收时间
	1			
	2			

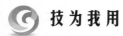

技 为 我 用

制药设备中的成品传送工序中，PLC 读取外部信号，通过 Profinet 通信协议实时控制变频器的启停和频率，具体控制要求如表 4.3-3 所示。

表 4.3-3　变频器的启停和频率要求

外部开关状态		变频器控制要求	
SR1	SR2	启停	频率/Hz
OFF	OFF	OFF	0
ON	OFF	ON	25
ON	ON	ON	35

请用 G120 变频器实现上述功能。提交任务相关文档（硬件接线图、参数设置表、参考程序等）。

进 阶 测 试

选择题

1. 当变频器与 S7-1200 进行 Profinet 通信时，宏程序 P15 应设置为（　　　）。

A. 12　　　　　　B. 15　　　　　　C. 7　　　　　　D. 17

2. 当采用 PZD-2/2 报文时，ProfiDrive PZD 报文选择参数 P922 应设置为（　　　）。

A. 0　　　　　　B. 1　　　　　　C. 2　　　　　　D. 3

3. 当设定频率为 20 Hz 时，速度设定值应为（　　　）。

A. 16#199A　　　B. 16#1990　　　C. 16#1890　　　D. 16#2000

4. 当组态 PZD-2/2 报文时，输出通道地址所占空间大小为（　　　）。

A. 1 个字　　　　B. 1 个字节　　　C. 2 个字节　　　D. 2 个字

5. 下面控制字的赋值中让变频器反方向运行的是（　　　）。

A. 16#047E　　　B. 16#047F　　　C. 16#0C7E　　　D. 16#0C7F

6. 下面控制字的赋值中能进行变频器故障确认的是（　　　）。

A. 16#047E　　　B. 16#047F　　　C. 16#0C7E　　　D. 16#04FE

7. QD70 由（　　　）两个字组成。

A. QW70 和 QW72　　　　　　　　B. QW70 和 QW68

C. QW70 和 QW71　　　　　　　　D. QW70 和 QW69

8. QW70 中存储数据的高位字节在（　　　）。

A. QB69　　　　　B. QB70　　　　　C. QB71　　　　　D. QB68

9. MD70 中存储数据的低字节位是（　　　）。

A. MB70　　　　　B. MB71　　　　　C. MB72　　　　　D. MB73

10. 以下关于设备描述中，设备之间能正常通信的是（　　　）。

A. IP 地址相同，设备名称不同　　　B. IP 地址不同，设备名称不同

C. IP 地址不同，设备名称相同　　　D. IP 地址相同，设备名称相同

项目 5

立体仓库运载机构定位控制

岗课赛证融通要求

智能制造工程技术人员国家职业技术技能标准		
工作内容	**专业能力要求**	**相关知识要求**
3.2 安装、调试、部署和管控智能装备与产线	3.2.3 能进行智能装备与产线的现场安装、调试、网络与系统部署	3.2.6 传感器应用、PLC 技术、工艺规划、网络安全知识
可编程控制器系统应用编程职业技能等级标准		
工作领域	**工作任务**	**技能要求**
3. 可编程控制器系统编程	3.1 可编程控制器基本逻辑指令编程	3.1.1 能够正确创建新的 PLC 程序 3.1.2 能够使用常开/常闭指令完成程序编写 3.1.3 能够使用上升沿/下降沿指令完成程序编写 3.1.4 能够使用输出/置位/复位指令完成程序编写
全国职业院校技能大赛高职组"工业网络智能控制与维护"赛项		

赛题任务要求：（1）合格品搬移入库（手动流程）

①单击触摸屏"X 轴正"按钮，X 轴正方向运动，触摸屏位置数据实时增加，松开按钮时 X 轴停止运动。

②单击触摸屏"X 轴负"按钮，X 轴负方向运动，触摸屏位置数据实时减小，松开按钮时 X 轴停止运动。

③单击触摸屏"Y 轴正"按钮，Y 轴正方向运动，触摸屏位置数据实时增加，松开按钮时 Y 轴停止运动。

④单击触摸屏"Y 轴负"按钮，Y 轴负方向运动，触摸屏位置数据实时减小，松开按钮时 Y 轴停止运动。

（2）合格品搬移入库（自动流程）

流程开始，在称重平台放置瓶体（有盖），在触摸屏上选择入库仓位，单击触摸屏上"入库自动运行"按钮，三轴线性搬移装置抓取瓶体，并将瓶体放置到指定的九宫格库位中，三轴线性搬移装置回到初始位，流程结束。

项目引入

在立体仓库（图5.0-1）存放物料，由码料小车将物料连同托盘运送至仓库区并码放至不同的存储位置。码料小车有水平、上下、前后3个维度的动作。待入库的物料首先由机械手放在码料车托盘上，码料车水平、上下运载机构将托盘与物料运送到立体仓库入口，再由前后运载机构运送到库位，完成物料入库。

图5.0-1　立体仓库

立体仓库存放区 X、Y、Z 3个维度对应行、列、层，在合适位置安装传感器，完成入库定位。运载机构水平移动由步进电动机驱动，上下运行由伺服电动机驱动。前后移动精准入库，需要的定位精度较高，采用伺服驱动、编码器定位方式。

本书以下面3个任务引导大家学习步进系统、伺服系统的定位控制实施方法。3个任务从立体仓库运载机构定位控制项目中提炼，涵盖该项目的所有知识与技能要求。

项目5　立体仓库运载机构定位控制
- 任务5.1　装载小车步进驱动定位控制
- 任务5.2　伺服系统驱动托盘的定位控制
- 任务5.3　装载小车编码器定位

任务 5.1 装载小车步进驱动定位控制

伺服驱动系统介绍

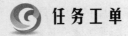 任务工单

任务名称	装载小车步进驱动定位控制	预计时间	60 min
材料清单	元件：S7-1200 CPU 1214C DC/DC/DC、24 V 稳压源、按钮、步进电动机、步进驱动器、限位开关、码料小车控制对象等； 工具：一字改锥、十字改锥、万用表、剥线钳、压线钳； 耗材：导线、线针、线号管	实施场地	PLC 控制柜、动力电源（条件受限且没有码料小车控制对象时，可以用其他元件替代、组合。建议配合组态画面）
任务描述	步进系统带动装载小车水平移动。启动后，装载小车回原点接料，1 s 后运送托盘与物料左行到达指定的位置（如 A 区）。完成后续入库动作后（此处以延时 3 s 的方式替代后续动作），装载小车自动返回原点。 按下停止按钮，装载小车即刻停止。 步进电动机旋转一周需要 1 000 个脉冲		
素质目标	（1）通过分组开展任务实施，培养学生团队合作意识； （2）通过硬件接线任务，培养学生的规范意识； （3）通过对工艺轴配置及组态，培养学生逻辑思维能力		
知识目标	（1）步进系统认知； （2）了解常用步进参数的功能； （3）掌握运动控制指令的功能		
能力目标	（1）正确连接步进驱动器 I/O 接线； （2）正确设置步进驱动器拨码开关； （3）掌握 PLC 工艺轴配置； （4）具备使用运动控制指令编写程序的能力		
资讯	S7-1200 用户手册 步进驱动手册 自动化网站等		

 **知识库**

知识点 1：步进电动机基本认知

步进系统由步进驱动器和步进电动机组成。

步进电动机如图 5.1-1 所示，是一种将电脉冲转化为角位移的执行机构。当步进驱动器接收到一个脉冲信号，它就驱动步进电动机按设定的方向转动一个固定的角度（称为"步距角"），配合以直线运动执行机构或齿轮箱装置，实现复杂、精密的线性运动。

通过控制脉冲个数可以控制角位移量，达到准确定位的目的；同时可以通过控制脉冲频率来控制电动机转动的速度和加速度，从而达到调速和定位的目的。

图 5.1-1　步进电动机

步进电动机的相数是指电动机内部的线圈组数，常用的有二相、三相、四相、五相步进电动机。电动机相数不同，其步距角也不同，一般二相电动机的步距角为 1.8°、三相的为 1.2°、五相的为 0.72°。在没有细分驱动器时，主要靠选择不同相数的步进电动机来满足步距角的要求。如果使用细分方法，只需在驱动器上改变细分数，就可以改变步距角。如步距角为 1.8° 的二相电动机，采用 1 000 的细分，步距角将被细分为 0.001 8°，即接收一个脉冲，步进电动机旋转 0.001 8°，大大提高了步进电动机的定位精度。

步进电动机一般用于开环伺服系统，由于没有位置反馈环节，位置控制的精度由步进电动机和进给丝杠等来决定。步进控制系统结构简单、价格较低，在要求不高的场合有广泛应用。在数控机床领域中大功率的步进电动机一般用在进给运动（工作台）控制上。

一般在电动机的铭牌或使用手册上会明确标示出电动机的步距角，可以通过以下公式计算出电动机每转一圈的步数，即

$$电动机每转一圈的步数 = \frac{360°}{步距角} \tag{5.1-1}$$

在不使用细分时，步距角为 1.8° 的二相电动机，需要 200 个脉冲转动一圈，步距角为 1.2° 的三相电动机，转动一圈需要 300 步。

知识点 2：步进驱动器认知

1. 步进驱动器的作用

步进电动机不能直接接到工频交流或直流电源上工作，而必须使用专用的步进驱动器，如图 5.1-2 所示。步进驱动器由脉冲发生控制单元、功率驱动单元、保护单元等组成。

图 5.1-2　步进驱动器

实际应用中发现，步距角大，每步转动的角度就大，会引起振动，相应的控制误差也大。当前几乎所有步进驱动器都引入了细分的功能，该功能将把步距角细分成很多份，让200 个脉冲转动一圈的电动机变化为 1 000 个、2 000 个甚至更多个脉冲转动一圈，这样电动机转动更加平稳。驱动单元与步进电动机直接耦合，通过细分减小步进电动机的步距角、提高步进电动机的精确率，还可以减少或消除低频振动，使电动机运行更加平稳、均匀。步进驱动器结构简单、操作方便。

2. 步科 3M458 Kinco 步进驱动器

本任务实施过程中使用步科 3M458 Kinco 步进驱动器，驱动器铭牌如图 5.1-3 所示。

供电电压	直流 24~40 V
输出相电流	3.0~5.8 A
控制信号输入电流	6~16 mA
冷却方式	自然风冷
使用环境要求	避免金属粉尘、油雾或腐蚀性气体
使用环境温度	−10~+45 ℃
使用环境湿度	小于 85% 非冷凝
质量	0.7 kg

图 5.1-3　步科 3M458 Kinco 步进驱动器铭牌

通过铭牌了解该驱动器采用直流 24 V 供电方式，输出电流可在 3.0~5.8 A 之间变化，该驱动器控制信号输入电流很小，只有 6~16 mA，适合与 PLC 配合使用，接收 PLC 的高速脉冲信号。

步科 3M458 Kinco 驱动器有以下特点。

（1）采用交流伺服驱动原理，具备交流伺服运转特性，三相正弦电流输出。

（2）内部驱动直流电压高达 40 V，能提供更好的高速性能。

（3）具有电动机静态锁紧状态下的自动半流功能，可以大大降低电动机的发热。

（4）具有可达 10 000 步/转的细分功能，细分可以通过拨动开关设定，保证提供运行平稳的性能。

（5）几乎无步进电动机常见的共振和爬行区，输出相电流可通过拨动开关设定，运转噪声非常低，接近交流伺服的水平。

（6）控制信号的输入电路采用光耦合器件隔离，降低外部噪声的干扰。

（7）采用了正弦的电流驱动，使电动机的空载起跳频率高达 5 kHz（1 000 步/转）左右。

一般在步进驱动器上会有一排 DIP 开关，用来设置驱动器的工作方式和工作参数，如图 5.1-4 所示。不同品牌的驱动器设置略有不同。步科 3M458 Kinco 驱动器有 8 个 DIP 开关，上下拨动可以在打开与关闭间切换。每个开关的作用是预先设置好的，可以在步进驱动器产品侧面查询到。

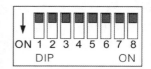

图 5.1-4   步科 3M458 Kinco 驱动器 DIP 开关

其中，DIP1~DIP3 作为细分设置用；DIP4＝ON 表示静态电流全流，DIP4＝OFF 表示静态电流半流；DIP5~DIP8 作为电流设置用。表 5.1-1 中细分列表达了电动机每转需要的步数（脉冲数）。

表 5.1-1   细分设定表

细分设定表			
DIP1	DIP2	DIP3	细分/（步·转$^{-1}$）
ON	ON	ON	400
ON	ON	OFF	500
ON	OFF	ON	600
ON	OFF	OFF	1 000
OFF	ON	ON	2 000
OFF	ON	OFF	4 000
OFF	OFF	ON	5 000
OFF	OFF	OFF	10 000

输出电流值取决于步进驱动器所带的步进电动机的电流要求。按照表 5.1-2 所示的拨动 DIP 开关设置需要的电流值取用。

表 5.1-2   输出相电流设定表

输出相电流设定表				
DIP5	DIP6	DIP7	DIP8	输出电流峰值/A
OFF	OFF	OFF	OFF	3.0
OFF	OFF	OFF	ON	4.0
OFF	OFF	ON	ON	4.6
OFF	ON	ON	ON	5.2
ON	ON	ON	ON	5.8

例 1：一个步进电动机拖动丝杠上的滑台平动，已知丝杠螺距为 4 mm，若控制现场要求 PLC 每 10 000 个脉冲滑台移动 4 cm，求步进驱动器细分设置。

解：所谓螺距就是指丝杠螺纹之间的距离，也就是丝杠每旋转一圈电动机拖动滑台行进的位移。已知丝杠螺距为 4 mm，控制现场要求 PLC 每 10 000 个脉冲滑台移动 4 cm。因此，PLC 每 10 000 个脉冲需要丝杠（电动机）旋转 10 圈；电动机每转一圈的步数需要 1 000 个脉冲；所以细分设置为 1 000 步/转。

知识点 3：PLC 的高速脉冲输出功能

S-1200 CPU 通过脉冲接口为步进电动机和伺服电动机的运行提供运动控制功能。DC/DC/DC 型 CPU S7-1200 上配备有用于直接控制驱动器的板载输出。继电器型 CPU 需要安装具有 DC 输出的信号板（SB）。不论是使用板载脉冲输出还是信号板 SB 脉冲输出，或者是两者的组合，CPU 最多可以组态 4 个脉冲发生器（组态方法见技能点 2）。

每个脉冲发生器由 P0 与 P1 两路信号组成，对应 S-1200 CPU 数字输出的两个地址（具有默认的 I/O 分配，也可以在组态时修改）。CPU 或信号板的输出组态为脉冲发生器时，相应的输出地址不能再用作 PLC 数字输出。

表 5.1-3 是 CPU 1214C 脉冲输出最大频率及高速脉冲输出端配置情况。

表 5.1-3　CPU 1214C 的高速脉冲输出配置

输出最大脉冲	数字输出端子分配	
	P0	P1
2 MHz	不支持	
100 kHz	Qa.0	Qa.1
	Qa.2	Qa.3
20 kHz	Qa.4	Qa.5
	Qa.6	Qa.7
	Qb.0	Qb.1

S-1200 CPU 的 4 个脉冲发生器可配置为 PTO 或 PWM 类型。脉冲宽度与脉冲周期之比称为占空比，PTO（方波脉冲列）功能提供周期可调、占空比为 50% 的方波脉冲串，PWM（脉冲宽度调制）功能提供周期、占空比均可以控制的脉冲串。

知识点 4：脉冲发生器 PTO 的信号类型

脉冲发生器产生的脉冲串驱动步进电动机或伺服电动机旋转，电动机旋转的转速取决于脉冲频率，而电动机旋转的方向也是由脉冲发生器提供的。脉冲发生器以什么方式提供脉冲和方向由脉冲发生器的信号类型设置。

步进/伺服驱动器的信号类型有 4 个选项，具体如下。

1. PTO（脉冲 A 和方向 B）

如图 5.1-5 所示，PTO（脉冲 A 和方向 B）选项，一个输出（P0）控制脉冲，另一个输出（P1）控制方向。如果 P1 为高电平，电动机正向旋转。如果 P1 为低电平，电动机负向旋转。

2. PTO（脉冲上升沿 A 和脉冲下降沿 B）

如图 5.1-6 所示，PTO（脉冲上升沿 A 和脉冲下降沿 B）选项，一个输出（P0）脉冲控制正方向，另一个输出（P1）脉冲控制负方向。

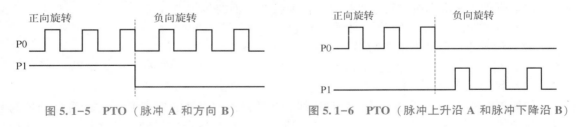

图 5.1-5　PTO（脉冲 A 和方向 B）　　　　图 5.1-6　PTO（脉冲上升沿 A 和脉冲下降沿 B）

3. PTO（A/B 相移）

如图 5.1-7 所示，PTO（A/B 相移）选项，两个输出均以指定速度产生脉冲，但相位相差 90°。生成的脉冲数取决于 A 相脉冲数。相位关系决定了移动方向：P0 领先 P1 表示正向，P1 领先 P0 表示负向。

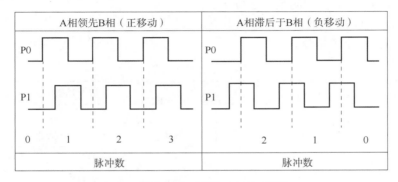

图 5.1-7　PTO（A/B 相移）

4. PTO（A/B 相移 – 四相频）

如图 5.1-8 所示，PTO（A/B 相移 – 四相频）选项，两个输出均以指定速度产生脉冲，但相位相差 90°。相位关系决定了移动方向：P0 领先 P1 表示正向，P1 领先 P0 表示负向。四相取决于 A 相和 B 相的正向和负向转换。脉冲频率为 P0 或 P1 的 4 倍。

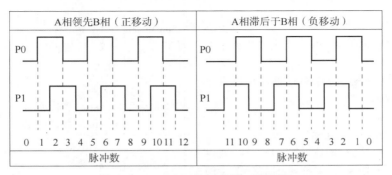

图 5.1-8　PTO（A/B 相移–四相频）

知识点 5：运动控制指令

PLC 驱动步进电动机进行运动控制，需要按照下面的步骤进行。

（1）完成 PLC 与步进驱动器的硬件接线。

（2）设置步进驱动器的参数设置。

（3）在 PLC 中如何配置运动控制。

（4）用运动指令编写程序。

如何进行 PLC 与步进驱动器的硬件接线和参数设置，以及如何在 PLC 中配置运动控制将会在技能点中讲解，在用户程序中，可以使用运动控制指令控制轴，这些指令会启动执行所需的功能。

下面学习与装载小车步进驱动定位控制运动相关的 5 条指令，如表 5.1-4 所示。

（1）MC_Power：启用、禁用轴指令。

（2）MC_Home：回原点指令。

（3）MC_MoveAbsolute：轴的绝对定位指令。

（4）MC_MoveRelative：轴的相对定位指令。

（5）MC_Halt：停止轴指令。

表 5.1-4　运动控制指令

指令	端子功能
MC_Power：启用、禁用轴指令 指令格式： %DB9 "MC_Power_DB_1" MC_Power EN　　　　ENO <???> Axis　　Status false Enable　　Busy 1 StartMode　Error 0 StopMode　ErrorID 　　　　　　ErrorInfo 指令功能： ● Enable = 1 时按照 StartMode 指定方式启用工艺轴； ● Enable = 0 时根据 StopMode 中断当前所有作业，停止并禁用轴。 注意事项： ①启用轴，相当于接通驱动器的电源； ②单击指令盒下方中间位置的三角符号，可以隐藏/显示指令另一些端子。这样就可以监视指令的错误信息及错误信息代码。	<table><tr><td>端子</td><td>功能</td></tr><tr><td>EN</td><td>使能端</td></tr><tr><td>Axis</td><td>轴工艺对象</td></tr><tr><td>Enable</td><td>启用、禁止轴</td></tr><tr><td>StartMode</td><td>启动模式 0：速度模式 1：位置模式</td></tr><tr><td>StopMode</td><td>停止模式 0：急停 1：立即停止 2：带加速度变化率控制的紧急停止</td></tr><tr><td>Status</td><td>轴状态 False：轴已禁止 True：轴已启用</td></tr><tr><td>Error</td><td>出错标志 1：错误 0：正确</td></tr></table>

指令	端子功能

MC_Home：回原点指令
指令格式：

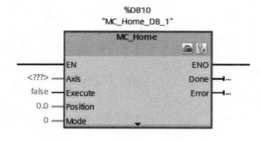

指令功能：
"原点"也可以叫作"参考点"，"回原点"或"寻找参考点"的作用是把轴实际的机械位置和 S7-1200 程序中轴的位置坐标统一，以进行绝对位置定位。

一般情况下，西门子 PLC 的运动控制在使能绝对位置定位之前必须执行"回原点"或"寻找参考点"。

对于脉冲控制的 4 种控制方式含义如下：

Mode＝0，绝对式直接回零点，把当前轴的位置设置为原点，轴不动作；

Mode＝1，相对式直接回零点，把当前轴的位置+Position 的值，当作轴的新位置；

Mode＝2，被动回零，必须配合其他指令如 MC_Jog，轴才会动作；

Mode＝3，主动回零，轴自己动作寻找零点。

端子	功能
Axis	轴工艺对象
Execute	上升沿时启动命令
Position	Mode＝0、2 和 3：完成回原点操作之后，轴的绝对位置； Mode＝1：对当前轴位置的修正值
Mode	回原点模式 0：绝对式直接归位； 1：相对式直接归位； 2：被动回原点； 3：主动回原点； 6：绝对编码器调节（相对）； 7：绝对编码器调节（绝对）
Done	1：命令已完成
Error	出错标志

MC_MoveAbsolute：轴的绝对定位指令
指令格式：

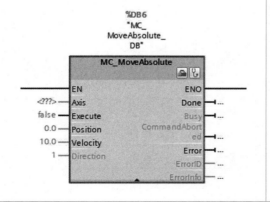

端子	功能
Axis	轴工艺对象
Execute	上升沿时启动命令
Position	绝对目标位置
Velocity	轴的速度 由于所组态的加速度和减速度以及待接近的目标位置等原因，不会始终保持这一速度

指令	端子功能	

指令	端子	功能
指令功能：启动轴定位运动，将轴移动到某个指定的绝对位置上。 注意事项： 　　正确使用该指令的前提是： 　　● 定位轴工艺对象已正确组态； 　　● 轴已启用； 　　● 轴已回原点。	Direction	轴的运动方向 　0：使用 "Velocity" 速度参数的符号确定运动方向； 　1：正方向（从正方向逼近目标位置）； 　2：负方向（从负方向逼近目标位置）； 　3：最短距离（将选择从当前位置开始到目标位置的最短距离）

MC_MoveRelative：轴的相对定位指令

指令格式：

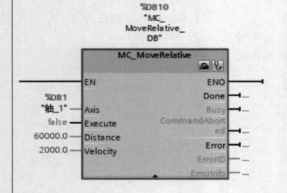

端子	功能
Axis	轴工艺对象
Execute	上升沿时启动命令
Distance	相对目标位置
Velocity	轴的速度

指令功能：将轴移动到某个指定的相对位置上。

注意事项：该指令的位置是相对于启动点而言的。

MC_Halt：停止轴指令

指令格式：

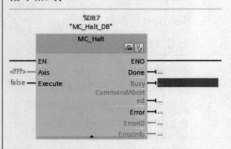

端子	功能
Axis	轴工艺对象
Execute	上升沿时启动命令
Done	速度到零 = 1
Busy	正在执行指令 = 1
Error	出错标志

指令功能：以组态的减速度停止轴。

可以从运动控制指令的输出参数中获取运动控制指令的状态及指令执行期间发生的错误代码，并通过软件帮助系统获得错误信息。

🎯 工具箱

技能点 1：步科 3M458 Kinco 驱动器接线

步进驱动器的接线包括电源接线、步进电动机接线及与 PLC 的接线，所有接线都在可拔插的端子排上完成。步科 3M458 Kinco 驱动器的接线端子排如图 5.1-9 所示。

图 5.1-10 是步科 3M458 Kinco 驱动器的接线图。图中，$V+$ 与 GND 端为步进驱动器的电源端，直流 24 V 电源串接水平移位装置的左、右限位，实现对运动部件的行程保护。

U、V、W 端子为与步进电动机的接线端子，按照步进电动机的接线要求连接即可。

PLS−、PLS+ 为步进驱动器脉冲输出端。

DIR−、DIR+ 为方向控制端。

PRE−、PRE+ 为脱机信号端，该信号为 ON 时，驱动器将断开步进电动机的电源回路，步进电动机处于脱机自由状态。图中没有使用脱机信号，可以通过 DIP 开关设置，使步进电动机在上电后，即使静止时也可以保持自动半流或全流的锁紧状态。

图 5.1-9　步科 3M458 Kinco 驱动器的接线端子排

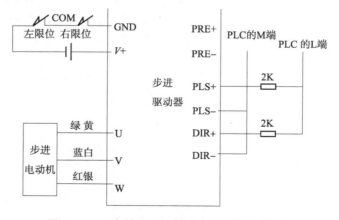

图 5.1-10　步科 3M458 Kinco 驱动器接线图

技能点 2：配置 PLC 的运动控制功能

S7-1200 CPU 的运动控制功能需要在硬件组态中进行配置，配置步骤如表 5.1-5 所示。

表 5.1-5　配置 PLC 运动功能

步骤	描述	操作
1	打开 Portal 软件，完成硬件添加（注意只有晶体管输出型的 PLC 才可以驱动伺服系统，本任务添加的是 CPU 1214C DC/DC/DC 型的）。	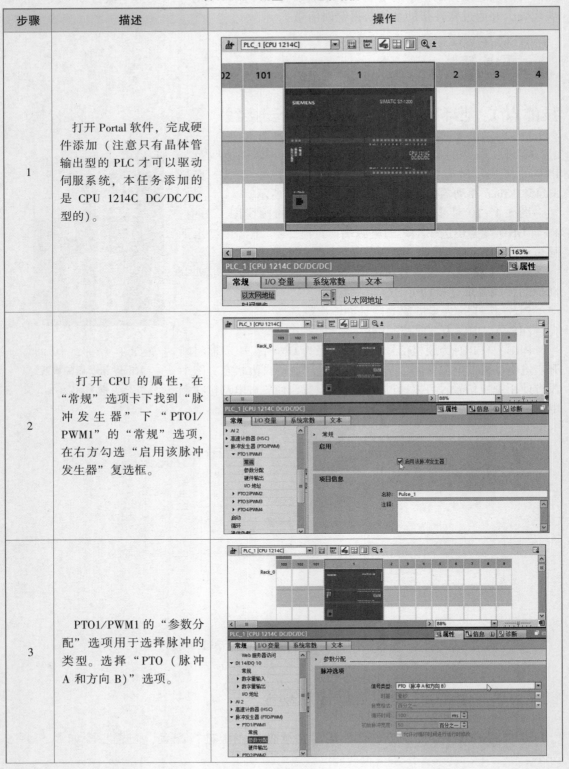
2	打开 CPU 的属性，在"常规"选项卡下找到"脉冲发生器"下"PTO1/PWM1"的"常规"选项，在右方勾选"启用该脉冲发生器"复选框。	
3	PTO1/PWM1 的"参数分配"选项用于选择脉冲的类型。选择"PTO（脉冲 A 和方向 B）"选项。	

续表

步骤	描述	操作
4	PTO1/PWM1 的"硬件输出"选项下的"脉冲输出"选择 Q0.0，勾选"启用方向输出"复选框，"方向输出"选择 Q0.1。	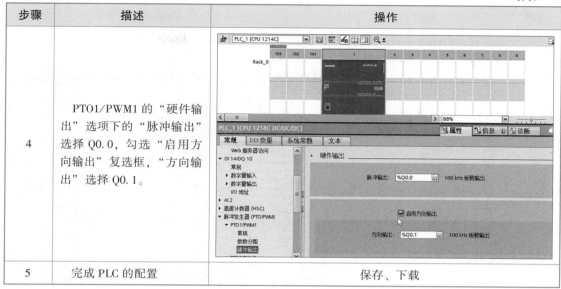
5	完成 PLC 的配置	保存、下载

配置好后，将激活 PLC 的脉冲发生器 PTO1，Q0.0 输出高速脉冲用于控制脉冲频率，Q0.1 控制脉冲方向。

技能点 3：PLC 中组态工艺对象

工艺对象代表控制器中的实体对象，如驱动装置，工艺对象的组态表示实体对象的属性。

Portal 软件为"运动轴"工艺对象提供组态工具、调试工具和诊断工具，如图 5.1-11 所示。可以完成运动轴的配置、调试和故障诊断。

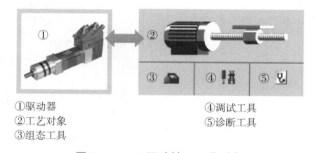

①驱动器　　　　　④调试工具
②工艺对象　　　　⑤诊断工具
③组态工具

图 5.1-11　"运动轴"工艺对象

组态工艺对象的过程与设置如表 5.1-6 所示。

表 5.1-6　组态工艺对象流程

步骤	描述	操作
实施前提	已完成 PLC 的运动控制功能配置。	见技能点 2

步骤	描述	操作
插入对象	要在项目树中添加定位轴工艺对象，请按以下步骤操作： ①在项目树中打开 "PLC_1 [CPU 1214C DC/DC/DC]" → "工艺对象" 文件夹； ②双击 "新增对象" 命令，打开 "新增对象" 对话框； ③选择 "运动控制"； ④选择 "TO_PositioningAxis" 对象； ⑤在 "名称" 输入框中输入轴名称； ⑥单击 "确定" 按钮确认输入。 系统自动生成一个工艺轴，并保存在项目树中的 "工艺对象" 文件夹中。	 要更改自动分配的数据块编号，请选择 "手动" 选项
打开对象	插入工艺对象之后，在项目树下可以看到该对象及其下面的组态、调试、诊断等项目。 打开工艺对象的组态窗口，请按以下步骤操作： ①在项目树中打开所需工艺对象组； ②双击组态对象，打开工艺对象组态界面。	
参数	工艺对象的参数分为以下几种： ①基本参数：基本参数包括必须为工作轴组态的所有参数； ②扩展参数：扩展参数包括适合特定驱动器或设备的参数。	各参数的图标有特定含义：

步骤	描述	操作
基本参数	在进行轴组态时, 可选择驱动装置接口和测量单位。 (1) 常规选项。 ①驱动器勾选 PTO (通过脉冲发生器输出)。 ②测量单位: 为系统选择长度单位, 有毫米、米、英寸、英尺、脉冲、度 (mm/m/in/ft/脉冲/(°)) 6 个选项。 选择的测量单位将用于定位轴工艺对象的所有组态以及轴数据的显示中。运动控制指令的输入参数 (Position、Distance、Velocity 等) 值也会使用该测量单位。这里选择 "脉冲"。	
	(2) 驱动器选项。 ①硬件接口。 脉冲发生器: 若前期已经在 CPU 硬件组态中组态了脉冲发生器, 下拉列表中所选的 PTO 以白色背景显示; 若未组态或重复使用同一个脉冲发生器, 下拉列表中所选的 PTO 以粉色背景显示。 信号类型: PTO 有 4 种可选信号类型 (见知识点 4)。 脉冲输出与方向输出: 使用默认设置。 ②驱动装置的使能和反馈。 使能输出: 设置使能伺服的输出点。 就绪输入: 设置驱动器状态正常输入点, 当驱动设备正常时会给出一个开关量输出, 此信号可接入 CPU 中, 告知运动控制器驱动正常。 如果驱动不提供这种接口, 可将此参数设为 "TRUE"。 驱动器使能信号由运动控制指令 "MC_Power" 控制, 可以启用对驱动器的供电。	

步骤	描述	操作
扩展参数	（1）机械选项。 输入电动机每转的脉冲数和允许的方向。 本页的选项与前期配置有关，前期配置不同，本页显示的内容会有所改变。	 电动机每转的脉冲数：2000 所允许的旋转方向：双向 反向信号
	（2）位置限制选项。 启用硬和软限位开关可激活硬和软限位开关的下限和上限功能。 启用硬限位开关：使能机械系统的硬件限位功能，在轴到达硬件限位开关时，它将使用急停减速斜坡停车。 启用软限位开关：使能机械系统的软件限位功能，此功能通过程序或者组态定义系统的极限位置。在轴到达软件限位开关时，轴运动将被停止。 选择电平：限位点有效电平，分为 High Level（高电平有效）和 Low Level（低电平有效）两种。	
	（3）动态。 常规选项、急停选项：配置伺服系统的最大速度、加速度与停止的速度以及急停的速度。可以采用默认设置。	
	（4）回原点。 分为主动与被动两种方法。设置回原点的速度、方式等。 允许硬限位开关处自动反转：可使能在寻找原点过程中碰到硬限位点自动反向。若未激活该功能，则回原点过程中轴到达硬限位点时停止回原点。	
保存	保存设置，并下载到 CPU。至此，完成了轴_1 的配置。在配置工艺对象时，大家一定注意各参数与实际需求及前期 I/O 接线要保持一致。	

 实施引导

1. 任务分析

任务：步进系统带动装载小车水平移动。

启动后，装载小车回原点接料，1 s 后运送托盘与物料左行到达指定的位置（如 A 区）。完成后续入库动作后（此处以延时 3 s 的方式替代后续动作），装载小车自动返回原点。步进电动机旋转一周需要 1 000 个脉冲。

分析：系统中需要有指示 A、B、C 3 个纵向库位的接近开关，以及小车有回原点要求，需要在原点位置安装限位开关。为保证步进电动机运行安全，在移动位置的极限处安装左、右限位开关，如图 5.1-12 所示。

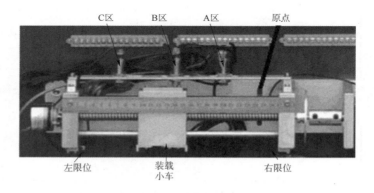

图 5.1-12　装载小车实物

步进电动机旋转一周需要 1 000 个脉冲，驱动器细分设置为 1 000。

2. 伺服驱动器设置

本任务要求：驱动器细分为 1 000，输出电流为 5.8 A，静态半流锁控，DIP 开关设置如图 5.1-13 所示。

3. I/O 分配表

本任务 I/O 分配如图 5.1-14 所示。左、右限位信号不进入 PLC，以硬件接线方式直接接入步进驱动器电源回路。

图 5.1-13　细分设置

步进_脉冲	Bool	%Q0.0
步进_方向	Bool	%Q0.1
启动	Bool	%I0.0
停止	Bool	%I0.1
原点	Bool	%I0.2
A区	Bool	%I0.3
B区	Bool	%I0.4
C区	Bool	%I0.5

图 5.1-14　步进系统带动装载小车水平移动 I/O 分配表

4. 任务实施过程及参考程序

（1）按步进系统要求及 PLC I/O 分配完成硬件接线。

（2）设置步进驱动器 DIP 开关。

（3）在 Protal 软件中建立新项目，项目名称为"步进系统带动装载小车水平移动"，完成硬件组态。

（4）在硬件组态中开启脉冲发生器（见技能点 2）。

（5）插入工艺对象，配置工艺对象（见技能点 3）。

（6）编写 PLC 控制程序。

参考程序如图 5.1-15 所示。

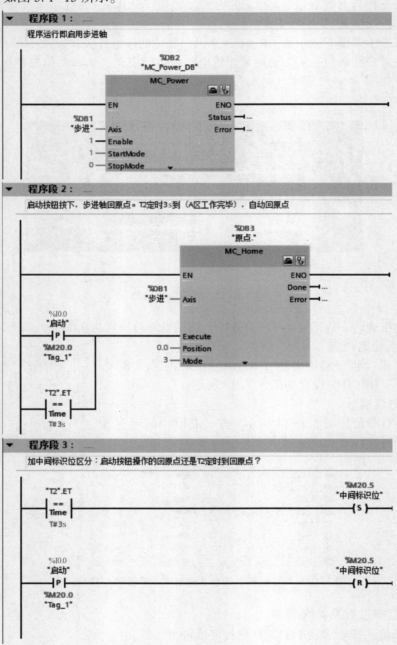

图 5.1-15　运载小车示例程序

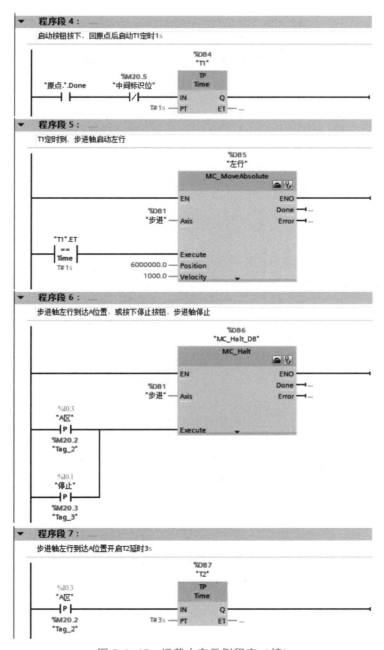

图 5.1-15　运载小车示例程序（续）

说明：

（1）工艺对象配置时，工艺对象名称为"步进"。

（2）A 区位置没有具体位移数据，左行的停止是由 MC_Halt 指令实现的，因此只要在程序段 5"左行"指令 Position 端子上配置一个估算大于原点到 A 位置距离的数据即可，此处为 6 000 000。

任务实施记录单

任务名称	装载小车步进驱动定位控制	完成时长	
组别		组长	
组员姓名			
材料清单	元件：S7-1200 CPU 1214C DC/DC/DC、24 V 稳压源、按钮、步进电动机、步进驱动器、限位开关等； 工具：一字改锥、十字改锥、万用表、剥线钳、压线钳； 耗材：导线、线针、线号管	实施场地	
		费用预算	
任务要求	步进系统带动装载小车水平移动。启动后，装载小车回原点接料，1 s 后运送托盘与物料左行到达指定的位置（如 A 区）。完成后续入库动作后（此处以延时 3 s 的方式替代后续动作），装载小车自动返回原点。 按下停止按钮，装载小车即刻停止。 步进电动机旋转一周需要 1 000 个脉冲		
资讯与参考			
决策与方案			
实施步骤与过程记录			

任务名称	装载小车步进驱动定位控制		完成时长	
检查与评价	自我检查记录			
	结果记录			
文档清单	列写本任务完成过程中涉及的所有文档，并提供纸质或电子文档。			
	序号	文档名称	电子文档存储路径	完成时间	负责人
	1				
	2				

考核评价单

任务名称	装载小车步进驱动定位控制	验收结论	
验收负责人		验收时间	
验收成员			
材料清单	元件：S7-1200 CPU 1214C DC/DC/DC、24 V 稳压源、按钮、步进电动机、步进驱动器、限位开关等； 工具：一字改锥、十字改锥、万用表、剥线钳、压线钳； 耗材：导线、线针、线号管	费用核算	
任务要求	步进系统带动装载小车水平移动。启动后，装载小车回原点接料，1 s 后运送托盘与物料左行到达指定的位置（如 A 区）。完成后续入库动作后（此处以延时 3 s 的方式替代后续动作），装载小车自动返回原点。 按下停止按钮，装载小车即刻停止。 步进电动机旋转一周需要 1 000 个脉冲		
方案确认			
实施过程与结果确认			

验收要点	评价列表	验收要点	配分	得分
	素养评价	纪律（无迟到、早退、旷课）	10	
		安全规范操作，符合 5S 管理	10	
		团队协作能力、沟通能力	10	
	工程技能	元件选择正确	10	
		元件安装位置合理，安装稳固；硬件接线符合接线工艺，走线平直，装接稳固	10	
		PLC I/O 分配合理、完整	10	
		步进系统接线正确	10	
		步进驱动器设置正确	10	
		PLC 工艺对象组态正确	10	
		PLC 控制程序功能完整，符合控制要求	10	
		总评得分		

任务名称	装载小车步进驱动定位控制	验收结论	
效果评价	1. 目标完成情况 2. 知识技能增值点 3. 存在问题及改进方向		

文档接收清单	列写本任务完成过程中涉及的所有文档，并提供纸质或电子文档。		

序号	文档名称	接收人	接收时间
1			
2			

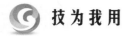 **技 为 我 用**

电动蝶阀安装在管道上，通过控制其开口度，可以进行管道流量的控制。图 5.1-16 所示为电动蝶阀结构示意图。步进电动机通过蜗轮蜗杆带动阀体左右 0°~90° 旋转，步进电动机每转一圈，通过机械传动折算后，阀体旋转 2°，阀门完全打开为 90°（工位二），与水流方向一致，完全闭合为 0°（工位一），与水流方向垂直，阀体分别在工位一、工位二来回运行，以阀门关闭状态的工位一（0°）为原点，安装原点接近开关 SQ0，分别在全开和全关位置外侧安装极限保护机械限位 SQ1 和 SQ2 作为超程保护。

电动阀门控制任务要求如下。

（1）按下关按钮 SB1，系统回原点，阀门运行到完全关闭位置停止，即工位一（0°）。

（2）阀门在关的位置，按下开按钮 SB2，阀门运行到开度 60% 位置时，停 5 s，然后再运行到开工位二（90°）停止，阀门完全打开。

（3）阀门在开的位置，按下关按钮 SB1，阀门以一定速度运行到关的位置，即工位一（0°），阀门完全关闭。

（4）在阀门运行过程中，按下停止按钮 SB3，阀门停止工作，当出现超程时，阀门运行停止，并且红色报警灯 HL1 常亮，阀门在运行过程中，绿色运行指示灯 HL2 以 1 s 周期闪烁。

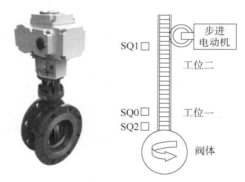

图 5.1-16　电动蝶阀结构示意图

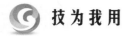 **进 阶 测 试**

一、填空题

1. 脉冲宽度与脉冲周期之比称为（　　）。

2. 螺距就是指丝杠螺纹之间的距离，也就是丝杠每旋转一圈电动机拖动滑台行进的（　　）。

3. 组态工艺对象过程中若出现红色叉子符号，说明该项组态不正确或（　　）。

二、单选题

1. CPU 或信号板的输出组态为脉冲发生器时，相应的输出地址（　　）再用作 PLC 数字输出。

A. 不能 　　　　　　　　　　　　　B. 能

2. MC_MoveAbsolute 轴的绝对定位指令及 MC_MoveRelative 轴的相对定位指令中的 Execute 端子为启动轴端子，该端子需要（　　）信号。

A. 上升沿 　　　　B. 下降沿 　　　　C. 高电平 　　　　D. 低电平

三、判断题

1. 若未激活"允许硬限位开关处自动反转"，则回原点过程中轴到达硬限位点时，停止回原点。（　　）

2. 所有型号的 PLC 都可以驱动伺服系统。（　　）

3. 对 PLC 进行运动控制，需要在 CPU"属性"中勾选"启用该脉冲发生器"复选框。（　　）

4. 启用 CPU 的脉冲发生器 Pulse_1 后，选择 PTO（脉冲+方向）模式，系统默认配置 Q0.0 为脉冲串输出端，Q0.1 为方向控制端。可以通过编程改变 Q0.1 的状态来改变运动方向。（　　）

5. 只需要在程序中配置一个 MC_Power 启用、禁用轴指令，就可以驱动多个工艺轴。（　　）

任务 5.2　伺服系统驱动托盘的定位控制

运动控制指令

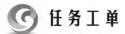 任务工单

任务名称	伺服系统驱动托盘的定位控制	预计时间	60 min
材料清单	元件：S7-1200 CPU 1214C DC/DC/DC、24 V 稳压源、按钮、伺服电动机、伺服驱动器、限位开关等； 工具：一字改锥、十字改锥、万用表、剥线钳、压线钳； 耗材：导线、线针、线号管	实施场地	PLC 控制柜、动力电源（教学过程中可改在具备条件的实训室）
任务目的	（1）通过学习伺服系统的工作原理，初步具备使用伺服系统参数的规划技能； （2）具备按控制要求合理规划实施方案，不断优化控制参数的能力； （3）正确配置 PLC 的输入、输出端子，正确连接 PLC 及伺服系统外部接线； （4）掌握运动控制指令，具有正确编写、调试伺服控制系统 PLC 控制程序的能力		
任务描述	首先按下设备准备按钮，运行指示灯点亮。按下回原点按钮，首先托盘回原点后停止等待接料。 按下自动运行按钮，滑台上行到 SQ2，到达纵向举升准备位，停留等待 5 s 后继续举升到 SQ3 位，马上返回原点完成一个正常工作周期。运行过程中，若出现紧急事件，停止按钮可随时停止托盘动作。再次启动先按下设备准备按钮，再按自动运行按钮，设备在断点继续运行。 托盘驱动电动机 M1 为伺服电动机，电动机每旋转一周需要 2 000 个脉冲。M1 电动机连接滚珠丝杠机构拖动工作台行进		
素质目标	（1）通过分组开展任务实施，培养学生团队合作意识； （2）通过硬件接线任务，培养学生的规范意识； （3）通过对硬件设备的参数设置，培养学生的动手操作能力； （4）通过对工艺对象的调试与诊断，培养学生发现问题、解决问题的能力		
知识目标	（1）伺服系统认知； （2）了解常用伺服参数的功能； （3）掌握运动控制指令的功能及参数含义		
能力目标	（1）伺服驱动器 I/O 接线； （2）伺服驱动器面板操作； （3）伺服驱动器参数设置； （4）PLC 工艺轴配置； （5）工艺对象的调试与诊断； （6）运动控制编程		
资讯	S7-1200 用户手册 伺服驱动手册 自动化网站等		

知识库

知识点 1：伺服系统基本认知

伺服系统（Servomechanism）又称随动系统，是用来精确地跟随或复现某个过程的反馈控制系统，如图 5.2-1 所示。伺服系统使物体的位置、方位、状态等输出被控量能够跟随输入目标（或给定值）进行变化。

图 5.2-1　伺服驱动器与伺服电动机

回顾伺服系统的发展历程，从最早的液压、气动到如今的电气化，由伺服电动机、反馈装置与控制器组成的伺服系统已经走过了近 50 个年头。

1. 伺服系统的分类

（1）从系统组成元件的性质来看，有电气伺服系统、液压伺服系统、电气–液压伺服系统及电气–电气伺服系统等。

（2）从系统输出量的物理性质来看，有速度或加速度伺服系统和位置伺服系统等。

（3）从系统中所包含的元件特性和信号作用特点来看，有模拟式伺服系统和数字式伺服系统。

（4）从系统的结构特点来看，有单回伺服系统、多回伺服系统和开环伺服系统、闭环伺服系统。

（5）伺服系统按其驱动元件划分，有步进式伺服系统、直流电动机伺服系统、交流电动机伺服系统。

随着技术的不断成熟，交流伺服电动机技术凭借其优异的性价比，逐渐取代直流电动机成为伺服系统的主导执行电动机。交流伺服系统技术的成熟也使得市场呈现出快速的多元化发展，并成为工业自动化的支撑性技术之一。

2. 闭环伺服系统的组成

闭环伺服系统是反馈控制系统，反馈测量装置精度很高，所以系统传动链的误差、环内各元件的误差以及运动中造成的误差都可以得到补偿，从而大大提高了跟随精度和定位精度。

闭环伺服系统的组成如图 5.2-2 所示。位置检测装置将检测到的移动部件的实际位移量进行位置反馈，与位置指令信号进行比较，将两者的差值进行位置调节，变换成速度控制信号，控制驱动装置驱动伺服电动机以给定的速度向着消除偏差的方向运动，直到指令位置与反馈的实际位置的差值等于零为止。

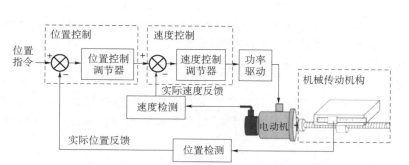

图 5.2-2 闭环伺服系统的组成

开环伺服系统没有反馈控制，半闭环伺服系统只具有部分反馈控制。现在使用比较多的是闭环伺服系统。

3. 伺服系统的特点

（1）稳定性好。在给定输入或外界干扰作用下，伺服系统能在短暂的调节过程后到达新的或者恢复到原有平衡状态。

（2）精度高。伺服系统的精度是指输出量能跟随输入量的精确程度，包括定位精度和轮廓加工精度。作为精密加工的数控机床，其使用的伺服系统定位精度或轮廓加工偏差一般都在 0.01~0.001 mm 范围。

（3）快速响应性好。快速响应性是伺服系统动态品质的标志之一，即要求跟踪指令信号的响应要快。一方面，伺服系统过渡过程时间短，一般在 200 ms 以内，甚至小于几十毫秒；另一方面，为满足超调要求，伺服系统过渡过程的前沿陡，即上升率大。

知识点 2：伺服系统的 3 种运行模式

一般伺服系统具有 3 种运行方式，即位置模式、速度模式、转矩模式。速度模式、转矩模式使用模拟量控制，位置模式使用脉冲控制。具体使用什么模式取决于控制要求。

1. 位置模式

通过上位机发送一定频率的高速脉冲，配合方向信号，实现电动机的正/反转，位置模式是伺服电动机最常用的控制模式。

位置模式有以下特点。

（1）机械移动量与脉冲数成正比。

$$移动量 = 脉冲总数 \times 脉冲当量$$

脉冲当量是当控制器输出一个脉冲时，产生的定位控制位移。对直线运动来说是指移动的距离，对圆周运动来说是指其转动的角度。

（2）机械移动速度与脉冲串速率成正比。

$$脉冲速率 = 单位时间内的脉冲个数$$
$$机械移动速度 = 单位时间内的脉冲个数 \times 脉冲当量$$

（3）伺服锁定功能。即脉冲串一完成，机械的位置就锁定，不再发生变化。

伺服系统的定位精度与下面 3 个因素有关。

（1）伺服电动机每转一圈的移动量。电动机每转一圈的移动量越小，定位精度越高。

（2）编码器的分辨率。编码器的分辨率也称为编码器线程，就是电动机转一圈编码器输出的脉冲数。编码器线程越高，定位精度越高。

（3）机械系统误差。如松动、间隙等。

2. 速度模式

通过消除与目标速度的差异，实现带载发生变化或目标速度调整后，快速达到速度的新稳定状态。速度模式是用模拟量来控制电动机的旋转速度，这种方式应用比较少，因为位置模式同样可以控制速度，而且精度更高。

速度模式的特点：可以实现精细化、速度范围宽、波动小的调速运行。

3. 转矩模式

运行过程中，保持转矩的动态稳定。转矩模式可以用模拟量来控制伺服电动机的输出扭矩，通常应用在恒压控制方面，配合位置模式做一些闭环控制，效果更理想。

知识点 3：交流伺服电动机与步进电动机的比较

运动控制系统中大多采用步进电动机或交流伺服电动机作为执行电动机。虽然两者在控制方式上相似（脉冲串和方向信号），但在使用性能和应用场合上存在着较大的差异。

1. 控制精度不同

两相混合式步进电动机步距角一般为 1.8°、0.9°，五相混合式步进电动机步距角一般为 0.72°、0.36°。也有一些高性能的步进电动机通过细分后步距角更小。有的公司生产的步进电动机其步距角是可变的，拨动拨码开关可设置为 1.8°、0.9°、0.72°、0.36°、0.18°、0.09°、0.072°、0.036°，兼容了两相和五相混合式步进电动机的步距角。

交流伺服电动机的控制精度由电动机轴后端的旋转编码器保证。对于带标准 2 000 线编码器的电动机而言，由于驱动器内部采用了 4 倍频技术，其脉冲当量为 360°/8 000 = 0.045°。对于带 17 位编码器的电动机而言，驱动器每接收 131 072 个脉冲电动机就转一圈，即其脉冲当量为 360°/131 072 = 0.0 027 466°，是步距角为 1.8°的步进电动机的脉冲当量的 1/655。

2. 低频特性不同

步进电动机在低速时易出现低频振动现象。振动频率与负载情况和驱动器性能有关，一般认为振动频率为电动机空载起跳频率的一半。这种由步进电动机的工作原理所决定的低频振动现象对于机器的正常运转非常不利。当步进电动机工作在低速时，一般应采用阻尼技术来克服低频振动现象，如在电动机上加阻尼器或在驱动器上采用细分技术等。

交流伺服电动机运转非常平稳，即使在低速时也不会出现振动现象。交流伺服系统具有共振抑制功能，可弥补机械的刚性不足，并且系统内部具有频率解析机能（FFT），可检测出机械的共振点，便于系统调整。

3. 矩频特性不同

步进电动机的输出力矩随转速升高而下降，且在较高转速时会急剧下降，所以其最高工作转速一般为 300~600 r/min。交流伺服电动机为恒力矩输出，即在其额定转速（一般为 2 000 r/min 或 3 000 r/min）以内，都能输出额定转矩，在额定转速以上为恒功率输出。

4. 过载能力不同

步进电动机一般不具有过载能力。交流伺服电动机具有较强的过载能力，其最大转矩为额定转矩的 2~3 倍，可用于克服惯性负载在启动瞬间的惯性力矩。步进电动机因为没有这种过载能力，在选型时为了克服这种惯性力矩，往往需要选取较大转矩的电动机，而机器在正常工作期间又不需要那么大的转矩，便出现了力矩浪费的现象。

5. 运行性能不同

步进电动机的控制为开环控制，启动频率过高或负载过大易出现丢步或堵转的现象，停止时转速过高易出现过冲的现象，所以为保证其控制精度，应处理好升、降速问题。

交流伺服驱动系统为闭环控制，驱动器可直接对电动机编码器反馈信号进行采样，内部构成位置环和速度环，一般不会出现丢步或过冲的现象，控制性能更为可靠。

6. 速度响应性能不同

步进电动机从静止加速到工作转速（一般为每分钟几百转）需要 200~400 ms。

交流伺服系统的加速性能较好，一般从静止加速到其额定转速 3 000 r/min 仅需几毫秒，可用于要求快速启停的控制场合。

综上所述，交流伺服系统在许多性能方面都优于步进电动机。但在一些要求不高的场合也经常用步进电动机来做执行电动机。所以，在控制系统的设计过程中要综合考虑控制要求、成本等多方面的因素，选用适当的控制电动机。

知识点 4：认识松下 ASDA-B2 系列伺服驱动器

1. 产品规格

如图 5.2-3 所示，从 ASDA-B2 系列伺服驱动器侧面铭牌上能够看到产品型号、产品功率、输入电源规格、输出电源规格等信息。

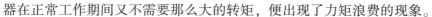

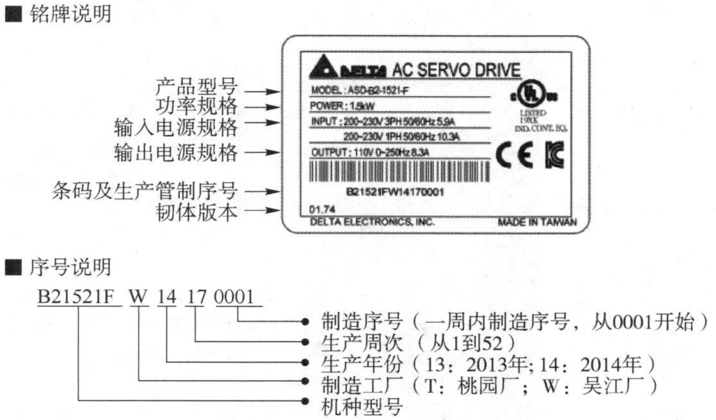

图 5.2-3 松下 ASDA-B2 系列伺服驱动器铭牌

其中产品型号（图 5.2-4）能够帮助我们快捷地了解产品的配置，从而正确使用。

重点关注额定输出功率与输入电压及相数两个标志，额定输出功率决定了伺服驱动器匹配的伺服电动机类型，输入电压决定了伺服驱动器的工作电源。图 5.2-4 中的伺服系统为 220 V 单相输入，输出额定功率为 400 W。

2. ASDA-B2 系列伺服驱动器结构

图 5.2-5 所示为 ASDA-B2 系列伺服驱动器的外部结构。左上角有电源指示灯，伺服驱动器工作时电源指示灯点亮。若指示灯处于点亮状态，表示 P_BUS 总线还有高电压存在，

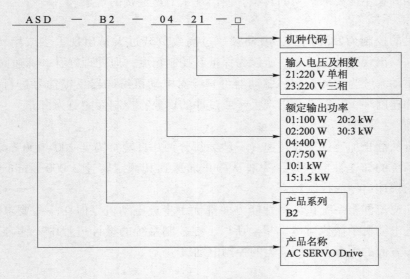

图 5.2-4　ASDA-B2 系列伺服驱动器产品型号

即便伺服系统已经停止工作，此时也不要接触 R、S、T 及 U、V、W 这 6 条大电力线，等待伺服系统放电完毕，电源指示灯熄灭。

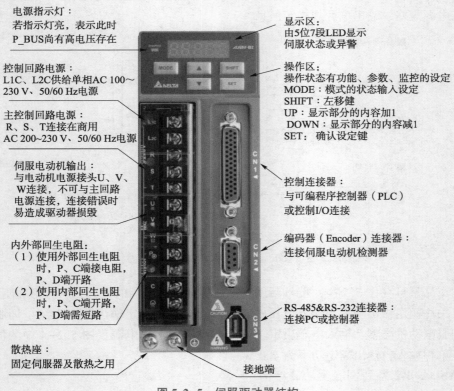

图 5.2-5　伺服驱动器结构

伺服驱动器分为面板及下方的配线区。面板用来进行参数、状态的显示与调整，配线区用来连接电源及外部设备。

配线区是驱动器的接线端子与外设接口。接线端子包括控制回路电源接线端子、主控制回路电源接线端子、伺服电动机输出端子、内外部回生电阻端子、接地端子等，控制回路电源接线端子、主控制回路电源接线端子、伺服电动机输出端子这 3 项端子的接线方法将在伺服驱动系统接线的技能点中介绍。外设接口有控制连接器 CN1、编码器连接器 CN2、RS-485&RS-232 通信连接器 CN3。其中，控制连接器 CN1 可以与 PLC 或控制 I/O 连接；编码器连接器 CN2 连接伺服系统的编码器；RS-485&RS-232 通信连接器 CN3 可实现伺服驱动器与 PC 的连接。

3. ASDA-B2 面板

伺服驱动器的面板分为显示区、操作区。显示区为 5 位 7 段 LED 数码显示器，显示伺服器的参数、状态、报警、参数值等；操作区由多个操作按键组成，完成伺服驱动器参数的设置、状态的切换。

图 5.2-6 所示为 ASDA-B2 伺服驱动器的操作面板。

名称	功能
显示器	5 位 7 段显示器用于显示监视值、参数值及设定值
电源指示灯	主电源回路电容量的充电显示
MODE 键	切换监视模式/参数模式/异常显示，在编辑模式时，按 MODE 键可跳出到参数模式
SHIFT 键	参数模式下可改变群组码。编辑模式下闪烁汉字左移可用于修正较高的设定汉字值。监视模式下可切换高/低位数码显示器
UP 键	变更监视码、参数码或设定值
DOWN 键	变更监视码、参数码或设定值
SET 键	显示及存储设定值。监视模式下可切换十/十六进制显示在参数模式下，按 SET 键可进入编辑模式

图 5.2-6 ASDA-B2 伺服驱动器面板及功能

🔧 工具箱

技能点 1：伺服电动机选型

每种型号电动机的规格项内均有额定转矩、最大转矩及电动机惯量等参数，各参数与负载转矩及负载惯量间必定有相关联系存在，选用电动机的输出转矩应符合负载机构的运动条件要求，如加速度的快慢、机构的重量、机构的运动方式（水平、垂直、旋转）等。一般情况下，选择伺服电动机需满足下列条件。

（1）电动机最大转速大于系统所需最高移动转速。

（2）电动机的转子惯量与负载惯量相匹配。

（3）电动机额定转矩不小于连续负载工作转矩。

（4）电动机最大输出转矩大于系统所需最大转矩（加速时转矩）。

选用伺服电动机规格时，依下列步骤进行。

（1）明确负载机构的运动条件要求，即加/减速的快慢、运动速度、机构的重量、机构的运动方式等。

（2）依据运行条件要求选用合适的负载惯量计算公式，计算出机构的负载惯量。

（3）依据负载惯量与电动机惯量选出适当的电动机规格。

（4）结合初选的电动机惯量与负载惯量，计算出加速转矩及减速转矩。

（5）依据负载重量、配置方式、摩擦系数、运行效率计算出负载转矩。

（6）初选电动机的最大输出转矩必须大于加速转矩加负载转矩；如果不符合条件，必须选用其他型号计算验证直至符合要求。

（7）依据负载转矩、加速转矩、减速转矩及保持转矩，计算出连续瞬时转矩。

（8）初选电动机的额定转矩必须大于连续瞬时转矩，如果不符合条件，必须选用其他型号计算验证直至符合要求。

由于伺服系统的选型对机械的稳定工作非常重要，但选型过程中计算复杂且计算量大，当前许多公司推出了伺服选型软件，必要时可以利用伺服选型软件进行伺服系统的选型。

技能点 2：ASDA-B2 伺服系统配线

1. 伺服驱动控制器配线

如图 5.2-7 所示，伺服驱动器配线包括电源输入端接线端子、电动机接线端子、I/O 连接接口、编码器连接接口、通信连接接口等，如图 5.2-7 所示。I/O 连接接口、编码器连接接口、通信连接接口是通过选购的标准连接器实现的。

其中：

①L1C、L2C 端子为控制环电源输入端，连接单相交流电源（根据产品型号选择适当的电压规格）。

R、S、T 端子连接三相交流电源（根据产品型号选择适当的电压规格）。

②U、V、W 端子为电动机连接线，连接至电动机。

③CN1 I/O 连接器端子共 44 针，包括 9 个输入信号端子 DI 与 6 个输出信号端子 DO。此外，还有差动输出的编码器 A+、A-、B+、B-、Z+、Z-信号以及模拟转矩命令输入和模

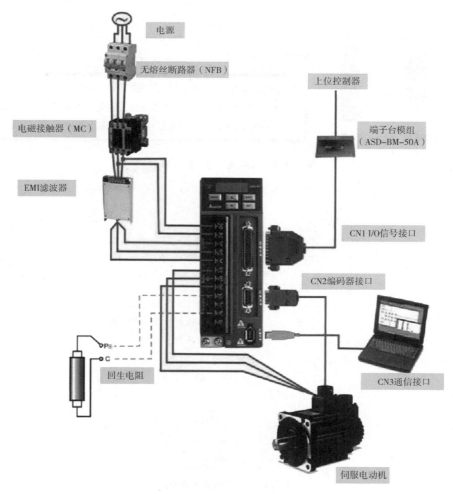

图 5.2-7 ASDA-B2 伺服驱动器配线

拟速度/位置命令输入及脉冲位置命令输入端子，其引脚如图 5.2-8 所示。

由于驱动器的操作模式繁多，各种操作模式所需用到的 I/O 信号不尽相同，可以通过修改控制器参数 P2-10 ~ P2-17、P2-36 与参数 P2-18 ~ P2-22、P2-37 来修改 I/O 端子功能。默认的 DI/DO 信号功能符合一般应用的需求。

④CN2 编码器连接接口，连接电动机的编码器。

⑤CN3 通信连接接口，连接 RS-485 或 RS-232。

2. 伺服驱动器电源接线

伺服驱动器电源接线法分为单相电源接线与三相电源接线两种，单相电源接线用于 1.5 kW 及 1.5 kW 以下机种。单相电源接线与三相电源接线如图 5.2-9 和图 5.2-10 所示。

图中，Power On 为常开接点，Power Off 与 ALRM_RY 为常闭接点。MC 为电磁接触器线圈与主环电源的接点。

侧面图　　背面图

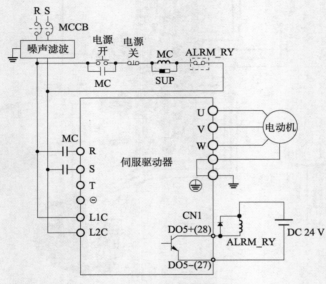

图 5.2-8　ASDA-B2　I/O 端子

图 5.2-9　单相电源接线

技能点 3：ASDA-B2 伺服驱动器的面板操作

伺服驱动器的参数通常是通过伺服驱动器的面板进行设置的。

接通驱动器电源，显示器会先持续显示 "ASDB2" 约 1 s。然后进入监控模式。

驱动器进入监控模式后，按 MODE 键可切换参数模式→监视模式→异常模式，若无异常发生则略过异常模式。

ASDA-B2 伺服驱动器的面板操作流程如图 5.2-11 所示。

（1）当有新的异常发生时，无论在任何模式都会马上切换到异常显示模式下，按下 MODE 键可切换到其他模式，当连续 20 s 没有任何键被按下，则会自动切换回异常模式。

（2）在监视模式下，若按下 UP 或 DOWN 键可切换监视参数。此时监视参数符号会持续显示约 1 s。

（3）在参数模式下，可以进行参数的设置。

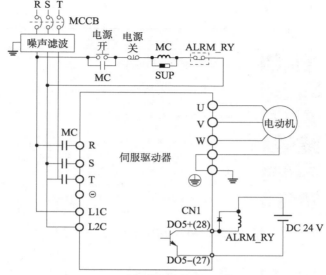

图 5.2-10　三相电源接线

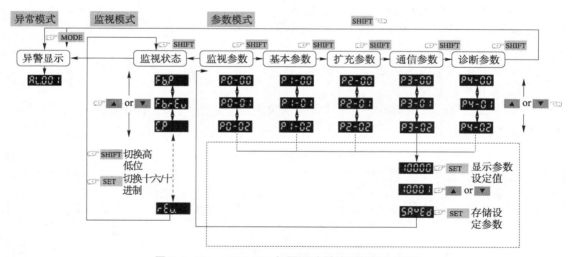

图 5.2-11　ASDA-B2 伺服驱动器的面板操作流程

①选择需要修改的参数：按下 SHIFT 键时可切换群组码。UP/DOWN 键可变更后两位参数码。

②编辑所选参数的设定值：按下 SET 键，系统进入编辑设定模式。显示器显示当前参数对应的设定值，此时可利用 UP/DOWN 键修改参数值。按下 MODE 键脱离编辑设定模式并回到参数模式。在编辑设定模式下，可按下 SHIFT 键使闪烁光标左移，再利用 UP/DOWN 键快速修改较高位的设定值。

设定值修正完毕后，按下 SET 键，即可进行参数存储或执行指令。完成参数设定后，显示器会显示结束代码「SAVED」，并自动回复到参数模式。

在伺服驱动器工作过程中，面板在不同情况下显示不同的提示符，如图 5.2-12 所示，可以按照提示符做相应的操作。

显示符号	内容说明
SAVEd	设定值正确存储结束（Saved）
r-OLY	只读参数，写入禁止（Read-Only）
LocKd	密码输入错误或未输入密码（Locked）
Out-r	设定值不正确或输入保留设定值（Out of Range）
SrvOn	伺服启动中无法输入（Servo On）
Po-On	此参数须重新开机才有效（Power On）

图 5.2-12　面板提示符及含义

技能点 4：ASDA-B2 伺服驱动器参数

1. ASDA-B2 系列伺服驱动器驱动模式

伺服驱动器一般有 3 种驱动模式，分别如下。

①P，为位置控制模式。

②S，为速度控制模式。

③T，为扭矩控制模式。

ASDA-B2 系列伺服驱动器除上述 3 种驱动模式外，还有 P、S、T 组合在一起的混合模式，如表 5.2-1 所示。

表 5.2-1　伺服驱动器驱动模式

模式名称		模式代码	说明
单一模式	位置模式（端子输入）	P	驱动器接受位置命令，控制电动机至目标位置。位置命令由端子输入，信号形态为脉冲
	速度模式	S	驱动器接受速度命令，控制电动机至目标转速。速度命令可由内部缓存器提供（共 3 组缓存器），或由外部端子输入模拟电压（-10 ~ +10 V）。命令的选择是根据 DI 信号来选择的
	速度模式（无模拟输入）	Sz	驱动器接受速度命令，控制电动机至目标转速。速度命令可仅由内部缓存器提供（共 3 组缓存器），无法由外部端子提供
	扭矩模式	T	驱动器接受扭矩命令，控制电动机至目标扭矩。扭矩命令可由内部缓存器提供（共 3 组缓存器），或由外部端子输入模拟电压（-10 ~ +10 V）。命令可根据 DI 信号来选择
	扭矩模式（无模拟输入）	Tz	驱动器接受扭矩命令，控制电动机至目标扭矩。扭矩命令可仅由内部缓存器提供（共 3 组缓存器），无法由外部端子提供

续表

模式名称	模式代码	说明
混合模式	S-P	S 与 P 可通过 DI 信号切换
	T-P	T 与 P 可通过 DI 信号切换
	S-T	S 与 T 可通过 DI 信号切换

驱动模式的选择可通过参数 P1-01 来达成，当新模式设定后，必须将驱动器重新送电，新模式即可生效。

2. 参数

ASDA-B2 系列伺服驱动器参数起始代码 P，按不同的用途分为 5 个群组。P 后的第一字符为群组号，其后的第二个字符为参数号。

参数群组定义如下。

群组 0：监控参数，如 P0-××。

群组 1：基本参数，如 P1-××。

群组 2：扩充参数，如 P2-××。

群组 3：通信参数，如 P3-××。

群组 4：诊断参数，如 P4-××。

3. 常用参数及说明

伺服驱动器参数很多，不同的功能使用不同的参数和参数值，以下只涉及常用的参数和该参数常用的参数值。更全面、详细的说明可以查阅产品手册。

（1）P2-08 特殊参数写入。

该参数常用于系统参数的重置及密码设置，如表 5.2-2 所示。

表 5.2-2　P2-08 特殊参数写入

参数值	功能	说明
10	参数重置即恢复出厂值	该参数重置需要重新投入电源才会生效

（2）P0-02 驱动器状态显示。

该参数规划面板显示的驱动器参数，比较常用的设置如表 5.2-3 所示。

表 5.2-3　P0-02 驱动器状态显示

参数值	功能	说明
00	电动机回授脉冲数（电子齿轮比之后）	采用用户配置的单位
04	脉冲命令输入脉冲数	电子齿轮比之前的数据
07	电动机转速	单位为 r/min

（3）P1-00 外部脉冲列输入形式设定参数。

参数值如图 5.2-13 所示，其中 5 位参数值的最后一位是脉冲形式的设定参数，当前只需要关注最后一个数据——脉冲形式。

当前有 3 种脉冲形式：

0：AB 相脉冲列（4x）；

1：正转脉冲列及逆转脉冲列；

2：脉冲列 + 符号。

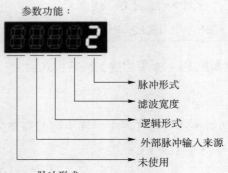

参数功能：

脉冲形式
滤波宽度
逻辑形式
外部脉冲输入来源
未使用

● 脉冲形式
0：AB 相脉冲列（4×）
1：正转脉冲列及逆转脉冲列
2：脉冲列 + 符号
其他设定：保留

图 5.2-13　P1-00 参数值设定

①P1-00＝0 AB 相脉冲列。

伺服驱动器 PULSE 信号为 P0，SIGN 信号为 P1。脉冲数取决于 P0 相 0→1 的转换次数；相位关系决定了移动方向，P0 领先 P1 表示正向，P1 领先 P0 表示负向，如图 5.2-14 所示。

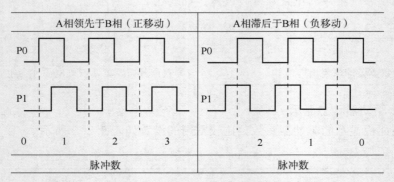

图 5.2-14　P1-00＝0 AB 相脉冲列

②P1-00＝1 正转脉冲列及逆转脉冲列。

此模式下取消方向输出，输出 P0 控制正向脉冲，或输出 P1 控制反向脉冲。正向运动时，输出 P1 端子可供其他程序使用；反向亦然。如图 5.2-15 所示。

③P1-00＝2 脉冲列+符号。

一个输出（P0）控制脉冲，另一个输出（P1）控制方向。P1 为高电平（激活）时，脉冲处于正向；P1 为低电平时，脉冲处于负向，如图 5.2-16 所示。

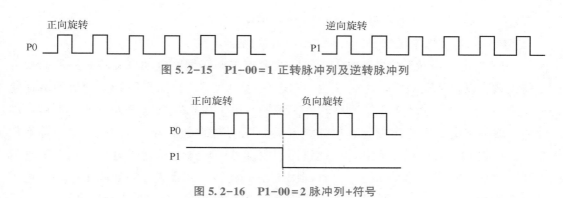

图 5.2-15   P1-00=1 正转脉冲列及逆转脉冲列

图 5.2-16   P1-00=2 脉冲列+符号

注意：参数 P1-00 在 Servo on 伺服启动时无法设定。

（4）P1-01 控制模式及控制命令输入源设定参数。

该参数的对位数据分别有不同功能。第三位数据为扭矩输出方向控制，后两位用于设定伺服驱动器的控制模式，如图 5.2-17 所示。

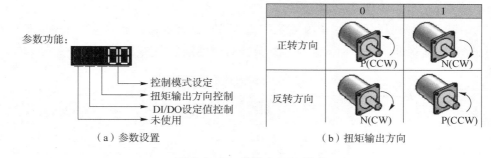

（a）参数设置   （b）扭矩输出方向

图 5.2-17   参数 P1-01 设定

控制模式设定数据如表 5.2-4 所示。

表 5.2-4   控制模式说明

参数值	功能	说明
00	P 模式	位置控制模式（命令来源为外部脉冲输入/外部模拟电压（＊预计加入）两种来源，可通过 DI：PTAS 来选择）
02	S 模式	速度控制模式（命令为外部模拟电压/内部缓存器两种来源，可通过 DI：SPD0、SPD1 来选择）
03	T 模式	扭矩控制模式（命令为外部模拟电压/内部缓存器两种来源，可通过 DI：TCM0、TCM1 来选择）
04	Sz 模式	零速度/内部速度缓存器命令
05	Tz 模式	零扭矩/内部扭矩缓存器命令
06～0A	混合模式	其中 08、09 为预留。可通过外部的 DI 来切换模式，如设为 PT/S 的混合模式（控制模式设定：06），则可通过 DI：S-P 来进行模式切换

当新模式设定后，必须将驱动器重新送电，新模式才能生效。

（5）P1-44 电子齿轮比分子、P1-45 电子齿轮比分母参数。

什么是"电子齿轮"呢？"电子齿轮"主要用来调整伺服电动机旋转一圈所需要的指令脉冲数，以保证电动机转速能够达到需求转速。电子齿轮的作用和电动机的减速箱是一样的，只不过它的减速比是通过软件实现的。电子齿轮既可以放大脉冲，也可以缩小脉冲，取决于电子齿轮比设置。比如设置伺服驱动器的电子齿轮比为 16∶1，那么伺服驱动器接收 PLC 发送的 1 个脉冲，通过伺服驱动器的电子齿轮比处理后，伺服电动机就得到 16 个脉冲信号。换句话说："若伺服电动机旋转一圈需要 160 000 个脉冲，电子齿轮比设置为 16∶1 后，伺服驱动器只需要接受 PLC 发出的 10 000 个脉冲即可。"电子齿轮比计算公式为：

$$电子齿轮比 = \frac{电子齿轮比分子}{电子齿轮比分母} = \frac{P1-44}{P1-45} = \frac{伺服电动机获得脉冲数}{PLC\ 输出脉冲数}$$

$$(5.2-1)$$

（6）数字输入 DI 1~DI 8 功能规划。

ASDA-B2 系列伺服驱动器共有 9 个数字输入端子，可以通过参数（P2-10 ~ P2-17 和 P2-36）进行功能规划。数字输入端子与参数的对应关系如表 5.2-5 所示。

表 5.2-5　数字输入端子对应参数

信号名称		引脚	对应参数
标准 DI	DI 1-	CN1-9	P2-10
	DI 2-	CN1-10	P2-11
	DI 3-	CN1-34	P2-12
	DI 4-	CN1-8	P2-13
	DI 5-	CN1-33	P2-14
	DI 6-	CN1-32	P2-15
	DI 7-	CN1-31	P2-16
	DI 8-	CN1-30	P2-17
	DI 9	CN1-12	P2-36

ASDA-B2 系列伺服驱动器通过参数值进行参数（P2-10~P2-17 和 P2-36）的功能规划，P2-10~P2-17 和 P2-36 的参数值设定相似。图 5.2-18 所示为参数值的结构与功能规划。

输入功能选择：设定值所代表的功能如表 5.2-6 所示。

输入接点：属性为 a 或 b 接点。

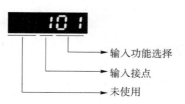

图 5.2-18　数字输入 DI 1~DI 8 功能规划

0：设定输入接点为常闭 b 接点。

1：设定输入接点为常开 a 接点。

表 5.2-6　数字输入（DI）功能定义表

设定值	符号	数字输入（DI）功能说明
01	SON	此信号接通时，伺服系统启动（Servo On）
02	ARST	发生异常，并且造成异常原因已排除后，此信号接通则驱动器显示异常信号清除
03	GAINUP	在速度及位置模式下，此信号接通时（参数 P2-27 需设定为 1 时），增益切换成原增益乘以变动比率
04	CCLR	按照参数 P2-50 设定的触发方式与清除方法清除脉冲计数缓存器
05	ZCLAMP	当速度低于参数 P1-38 设定的零速度时，此信号接通，电动机停止运转 速度命令 P1-38零速度设定值 O　时间 ZCLAMP 输入信号 OFF　ON O　时间 电动机速度 P1-38零速度设定值 O　时间
06	CMDINV	在内部位置缓存器和速度模式下，此信号接通后，输入的命令将变成反向
09	TRQLM	在速度及位置模式下，此信号接通，电动机扭矩将被限制，限制的扭矩命令为内部缓存器或模拟电压命令
10	SPDLM	在扭矩模式下，此信号接通，电动机速度将被限制，限制的速度命令为内部缓存器或模拟电压命令

续表

设定值	符号	数字输入（DI）功能说明				
14 15	SPD0 SPD1	内部缓存器速度命令选择（1~4）				
		速度命令编号	CN1 的 DI 信号		命令来源	内容	范围

内部缓存器速度命令选择（1~4）

速度命令编号	CN1 的 DI 信号		命令来源		内容	范围
	SPD1	SPD0				
S1	0	0	模式	S 外部模拟命令	V-REF 与 GND 之间的电压差	±10 V
				Sz 无	速度命令为 0	0
S2	0	1	内部缓存器参数		P1-09	−6 000~ +6 000 r/min
S3	1	0			P1-10	
S4	1	1			P1-11	

16
17 TCM0 TCM1

内部缓存器扭矩命令选择（1~4）

扭矩命令编号	CN1 的 DI 信号		命令来源		内容	范围
	TCM1	TCM0				
T1	0	0	模式	T 模拟命令	T-REF 与 GND 之间的电压差	±10 V
				Tz 无	扭转命令为 0	0
T2	0	1	内部缓存器参数		P1-12	−300%~ +300%
T3	1	0			P1-13	
T4	1	1			P1-14	

设定值	符号	数字输入（DI）功能说明
18	S-P	在位置与速度混合模式下，此信号未接通时，为速度模式；此信号接通时，为位置模式（PT）
19	S-T	在速度与扭矩混合模式下，此信号未接通时，为速度模式；此信号接通时，为扭矩模式
20	T-P	在位置与扭矩混合模式下，此信号未接通时，为扭矩模式；此信号接通时，为位置模式
21	EMGS	此信号接通时，电动机紧急停止
22	NL（CWL）	逆向运转禁止极限（b 接点）

设定值	符号	数字输入（DI）功能说明
23	PL（CCWL）	正向运转禁止极限（b 接点）
26	TRLM	正方向运转扭矩限制
37	JOGU	此信号接通时，电动机正方向点动运行
38	JOGD	此信号接通时，电动机反方向点动运行
43	GNUM0	电子齿轮比分子选择 0
44	GNUM1	电子齿轮比分子选择 1
45	INHP	在位置模式下，此信号接通时，外部脉冲输入命令无作用
48	TQP	扭矩命令来源。请参阅 P2-66 bit0 的说明
49	TQN	扭矩命令来源。请参阅 P2-66 bit0 的说明

修改参数后，需要重新启动电源以确保功能正常运作。

示例：

P2-10＝101 代表的含义是：设置 DI 1 端子为伺服启动信号 SON，此信号接通，伺服启动。

P2-15＝022 代表的含义是：DI 6 端子功能是伺服反向极限限位报警，停止伺服运行。

P2-16＝023 代表的含义是：DI 7 端子功能是伺服正向极限限位报警，停止伺服运行。

因为外接限位开关的常闭触点，所以参数为 022、023；如果外接限位开关换接的为常开触点，此处参数应为 122、123。

P2-17＝121 代表的含义是：数字 21 表示 DI 8 端子功能是急停功能 EMGS，当出现报警事件后，伺服自动紧急停止，最前面的数字 1 代表 DI 8 端子为常开触点（EMGS 端子悬空）。

技能点 5：工艺对象调试面板

调试面板是 S7-1200 PLC 运动控制中一个重要的工具，组态了 S7-1200 运动控制并把实际机械硬件设备连接好后，先用"控制面板"来测试工艺对象的参数和实际设备接线等安装是否正确。轴控制面板用于在手动模式下移动轴、优化轴设置和测试系统。只有与 CPU 建立在线连接后，才能使用轴控制面板。

（1）如图 5.2-19 所示，轴控制面板中包含以下几个区域。

①主控制。

主控制区：可对工艺对象进行面板主控制或返回给用户程序控制。

☞ "激活"（Activate）按钮：可建立与 CPU 的在线连接，并对所选工艺对象进行面板主控制。要进行主控制，必须在用户程序中禁用工艺对象。

☞ "禁用"（Deactivate）按钮：将主控制返回给用户程序。

图 5.2-19　面板结构

②轴。

☞"启用"（Enable）按钮：启用所选的工艺对象。

☞"禁用"（Disable）按钮：禁用所选的工艺对象。

③命令。

仅当轴启用后，才能执行"命令"（Command）区域中的操作。可以选择以下命令。

☞点动：该命令相当于用户程序中的运动控制命令"MC_MoveJog"。

☞定位：该命令相当于用户程序中的运动控制命令"MC_MoveAbsolute"和"MC_MoveRelative"。

☞回原点：该命令相当于用户程序中的运动控制命令"MC_Home"。使用该命令时：

"设置参考点"（Set reference point）按钮相当于 Mode=0（绝对式直接回原点）。

"主动回原点"（Active homing）按钮相当于 Mode=3（主动回原点），必须在轴组态中组态原点开关。

逼近速度、回原点速度和参考位置偏移的值取自轴组态。

选择"启用加加速度限值"（Enable jerk limitation）复选框，将激活加加速度限值。默认情况下，加加速度为组态值的 10%。

根据不同运动命令，设置运行速度、加/减速度、距离等参数。

④当前值。

在该区域中，将显示轴的位置、速度实际值。

⑤轴状态。

该区域中将显示当前轴状态和驱动装置的状态。

"信息性消息"（Info message）框会显示有关轴状态的信息。

"错误消息"（Error message）框会显示当前错误。

单击"确认"（Acknowledge）按钮，确认所有已清除的错误。

（2）使用工艺对象调试面板的步骤，如表 5.2-7 所示。

表 5.2-7　工艺对象调试面板操作流程

步骤	描述	操作
1	在 Portal 软件左侧项目树的工艺对象中新增工艺对象后选择"调试"打开轴控制面板； 　　单击控制面板上方"主控制"标签下的"激活"按钮，激活面板控制；然后单击"轴"标签下的"启用"按钮，启用选定的轴。	
2	在命令区选择需要调试的选项，根据不同的运动命令，设置运行速度、加/减速度、距离等参数，并进行相应操作。	
3	在"轴调试面板"进行调试时，可能会遇到轴报错的情况，可以打开"诊断"信息来定位报错原因。	
4	"状态和错误位"（Status and error bits）可监视轴的最重要状态和错误消息。当轴激活时，可以在"手动控制"模式和"自动控制"模式下在线显示诊断功能。所显示的状态错误消息的含义可查询产品说明手册。	
5	"运动状态"（Motion status）：监视轴的运动状态。如位置设定值、速度设定值、目标位置、剩余行进距离等。	
6	"动态设置"（Dynamics settings）：监视轴的动态限值。	
7	通过"轴调试面板"测试成功后，用户就可以根据工艺要求，编写运动控制程序实现自动控制。	

实施引导

1. 任务分析

按下设备准备按钮，运行指示灯点亮。按下回原点按钮，托盘回原点后停止，等待接料。

按下自动运行按钮，滑台上行到 SQ2，到达纵向举升准备位，停留等待 5 s 后继续举升到 SQ3 位，马上返回原点完成一个正常工作周期。运行过程中，若出现紧急事件，停止按钮可随时停止托盘动作。再次启动时先按下设备准备按钮，再按自动运行按钮，设备在断点继续运行。

托盘驱动电动机 M1 为伺服电动机，电动机每旋转一周需要 2 000 个脉冲。M1 电动机连接滚珠丝杠机构拖动工作台行进。

2. I/O 分配表

I/O 分配表以列表的形式表达输入输出元件及 PLC I/O 地址的对应关系，如图 5.2-20 所示。直接在 PLC 变量表中分配 I/O 地址。

		名称	数据类型	地址	保持	可从 ...	从 H...	在 H...
		默认变量表						
1		启动按钮	Bool	%I0.0		☑	☑	☑
2		停止按钮	Bool	%I0.1		☑	☑	☑
3		原点信号	Bool	%I0.2		☑	☑	☑
4		限位SQ2	Bool	%I0.3		☑	☑	☑
5		限位SQ3	Bool	%I0.4		☑	☑	☑
6		伺服脉冲串	Bool	%Q0.0		☑	☑	☑
7		伺服方向信号	Bool	%Q0.1		☑	☑	☑

图 5.2-20　I/O 分配表

3. 绘制 PLC I/O 硬件接线图

硬件接线包括 PLC 输入输出接线以及伺服驱动器接线。我们已经熟悉了 PLC 输入输出接线（注意匹配正确的 PLC 工作电源、输入端电源、输出端电源）。此处只绘制 PLC 与伺服驱动器的硬件接线图，如图 5.2-21 所示。

4. 任务实施过程及参考程序

（1）完成硬件接线。

（2）正确设置伺服驱动器参数，参数设置如表 5.2-8 所示。

（3）在 Portal 软件中建立新项目。

（4）开启脉冲发生器，完成硬件组态。

（5）插入工艺对象，配置工艺对象。

（6）编写 PLC 控制程序。

参考程序如图 5.2-22 所示。

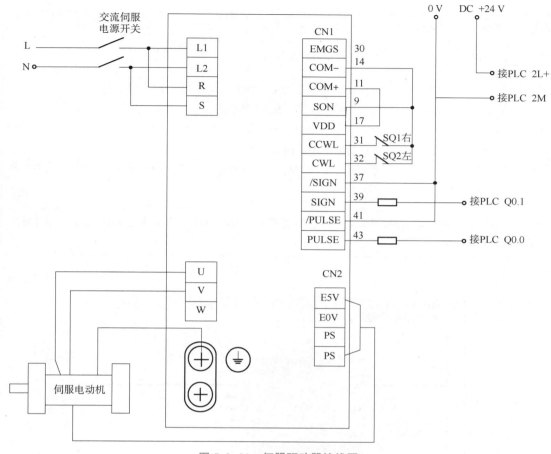

图 5.2-21　伺服驱动器接线图

表 5.2-8　伺服系统参数设置

序号	参数	设定值	功能
1	P2-08	10	恢复出厂值。在断开 SON（伺服启动信号）时有效
2	P1-00	2	外部脉冲列输入设定：脉冲列+符号（设置时去掉 SON 信号）
3	P1-01	0	位置控制模式 当新模式设定后，必须将驱动器重新送电，新模式即可生效
4	P1-44	80	电子齿轮比分子
5	P1-45	1	电子齿轮比分母
6	P2-00	35	位置控制比例增益：位置控制增益值加大时，可提升位置响应性及缩小位置控制误差量。但若设定太大则易产生振动及噪声

序号	参数	设定值	功能
7	P2-10	101	伺服启动信号设置为 DI 1
8	P2-15	022	左、右限位功能 CWL/CCWL 连接在 DI 5/DI 6 端子上
9	P2-16	023	左、右限位以常闭触点方式接入
10	P2-17	021 或 121	急停功能设置在 DI 7 端子上 若 EMGS 端子悬空，此参数值为 121；若 EMGS 短接在 COM-，此参数值为 021

注：本伺服驱动器编码器线程为 160 000，控制要求电动机每旋转一周需要 2 000 个脉冲，则计算出电子齿轮比为 80∶1。

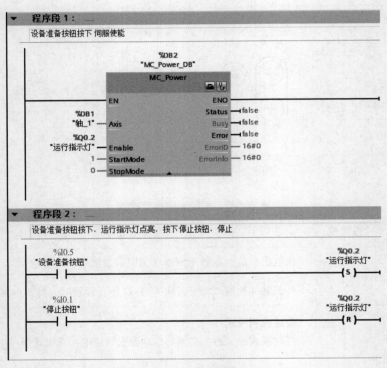

图 5.2-22 示例程序

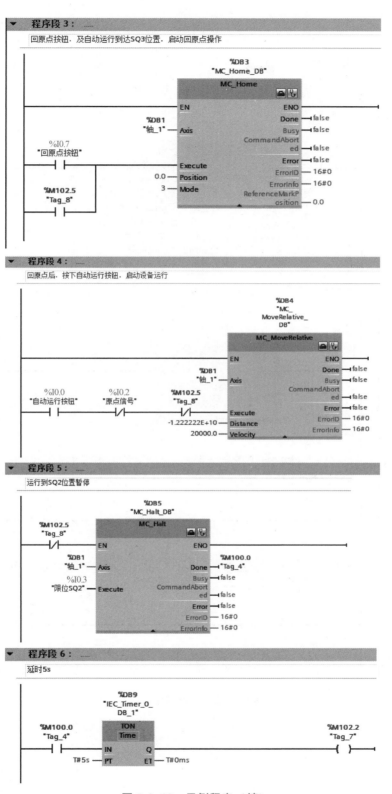

图 5.2-22 示例程序（续）

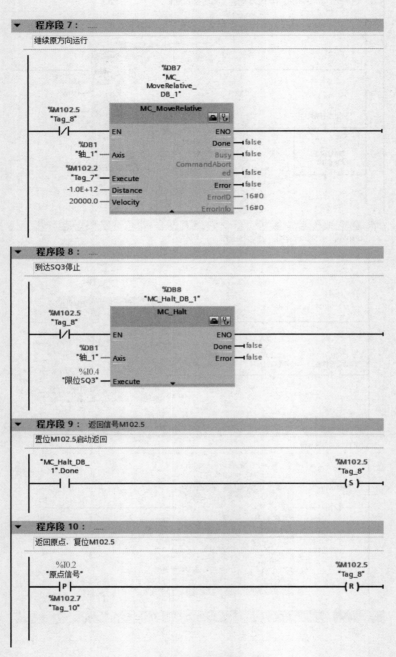

图 5.2-22　示例程序（续）

任 务 实 施 记 录 单

任务名称	伺服系统驱动托盘的定位控制	完成时长	
组别		组长	
组员姓名			
材料清单	元件：S7-1200 CPU 1214C DC/DC/DC、24 V 稳压源、按钮、伺服电动机、伺服驱动器、限位开关等； 工具：一字改锥、十字改锥、万用表、剥线钳、压线钳； 耗材：导线、线针、线号管	实施场地	
任务要求	首先按下设备准备按钮，运行指示灯点亮。按下回原点按钮，首先托盘回原点后停止等待接料。 　　按下自动运行按钮，滑台上行到 SQ2，到达纵向举升准备位，停留等待 5 s 后继续举升到 SQ3 位，马上返回原点完成一个正常工作周期。运行过程中，若出现紧急事件，按下停止按钮可随时停止托盘动作。再次启动时先按下设备准备按钮，再按自动运行按钮，设备在断点继续运行。 　　托盘驱动电动机 M1 为伺服电动机，电动机每旋转一周需要 2 000 个脉冲。M1 电动机连接滚珠丝杠机构拖动工作台行进		
资讯与参考			
决策与方案			
实施步骤与过程记录			

续表

任务名称		伺服系统驱动托盘的定位控制	完成时长	
检查与评价	自我检查记录			
	结果记录			

列写本任务完成过程中涉及的所有文档，并提供纸质或电子文档。

文档清单	序号	文档名称	电子文档存储路径	完成时间	负责人
	1				
	2				

考核评价单

任务名称	伺服系统驱动托盘的定位控制		验收结论	
验收负责人			验收时间	
验收成员				
材料清单	元件：S7 - 1200 CPU 1214C DC/DC/DC、24 V 稳压源、按钮、伺服电动机、伺服驱动器、限位开关等； 工具：一字改锥、十字改锥、万用表、剥线钳、压线钳； 耗材：导线、线针、线号管		费用核算	
任务要求	首先按下设备准备按钮，运行指示灯点亮。按下回原点按钮，首先托盘回原点后停止等待接料。 按下自动运行按钮，滑台上行到 SQ2，到达纵向举升准备位，停留等待 5 s 后继续举升到 SQ3 位，马上返回原点完成一个正常工作周期。运行过程中，若出现紧急事件，停止按钮可随时停止托盘动作。再次启动时先按下设备准备按钮，再按自动运行按钮，设备在断点继续运行。 托盘驱动电动机 M1 为伺服电动机，电动机每旋转一周需要 2 000 个脉冲。M1 电动机连接滚珠丝杠机构拖动工作台行进			
方案确认				
实施过程确认				

验收要点	评价列表	验收要点	配分	得分
	素养评价	纪律（无迟到、早退、旷课）	10	
		安全规范操作，符合 5S 管理	10	
		团队协作能力、沟通能力	10	
	工程技能	元件选择正确	10	
		元件安装位置合理，安装稳固；硬件接线符合接线工艺，走线平直，装接稳固	10	
		PLC I/O 分配合理，完整	10	
		伺服系统接线正确	10	
		伺服驱动器设置正确	10	
		PLC 工艺对象组态正确	10	
		PLC 控制程序功能完整，符合控制要求	10	
	总评得分			

任务名称	伺服系统驱动托盘的定位控制	验收结论	
效果评价	1. 目标完成情况 2. 知识技能增值点 3. 存在问题及改进方向		

	列写本任务完成过程中涉及的所有文档，并提供纸质或电子文档。		
文档接收清单	序号	文档名称	接收人	接收时间
	1			
	2			

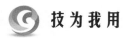 **技为我用**

运动控制指令"MC_CommandTable"可将多个单独的轴控制命令组合到一个运动顺序中。"MC_CommandTable"适用于采用通过 PTO（Pulse Train Output）的驱动器连接的轴。

通过工艺对象"命令表"（"TO_CommandTable"），可以以表格形式创建运动控制命令和运动曲线。所创建的曲线适用于带有工艺对象"轴"的实际驱动装置。

可以尝试使用"MC_CommandTable"指令编写满足下列要求的程序：启动后反向回原点，立刻自动正向运行 8 cm，停留 1 s，再自动启动正向运行 12 cm，停留 5 s 后返回原点，完成一次工作周期。

先进行工艺轴组态，后进行工艺对象"命令表"（"TO_CommandTable"）的组态。工艺对象"命令表"组态如图 5.2-23~图 5.2-25 所示。

图 5.2-23　启动"命令表"组态

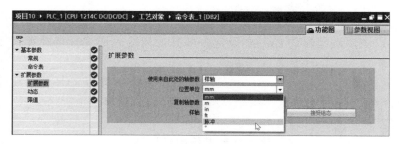

图 5.2-24　修改单位为"脉冲"

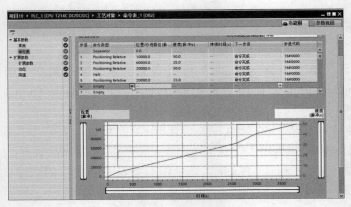

图 5.2-25　组态命令表

进阶测试

一、填空题

1. 编码器线程就是编码器的分辨率，也就是电动机转一圈编码器输出的（　　　）。

2. 脉冲当量是当控制器输出（　　　），所产生的定位控制位移。对直线运动来说是指移动的距离，对圆周运动来说是指其转动的角度。

3. 一般伺服系统具有 3 种运行方式，即（　　　）、速度模式、转矩模式。速度模式、转矩模式使用模拟量控制，位置模式使用脉冲控制。具体使用什么模式，取决于控制要求。

二、单选题

1. 伺服控制的（　　　）通过上位机发送一定频率的高速脉冲，配合方向信号，实现电动机的正/反转。

　　A. 位置模式　　　　　B. 速度模式　　　　C. 转矩模式　　　　D. 所有模式均可

2. ASDA-B2 的驱动器面板显示：`Po-On` 的含义是（　　　）。

　　A. 写入禁止　　　　　　　　　　B. 设定值错误

　　C. 需重新开机参数才有效　　　　D. 密码错误

3. 若伺服电动机编码器线程为 100 000，电子齿轮比设置为 10∶1 后，PLC 发出（　　　）个脉冲即可让伺服电动机旋转 1 周。

　　A. 1 000 000　　　　B. 100 000　　　　C. 10 000　　　　D. 10

4. ASDA-B2 的驱动器参数 P1-00 设定外部脉冲列输入形式，当设置为 2 时，其含义是（　　　）。

　　A. AB 相脉冲列　　　　　　　　B. AB 相脉冲列（4×）

　　C. 正转脉冲列及逆转脉冲列　　　D. 脉冲列+符号

三、判断题

1. 不需要与 CPU 建立在线连接，就可以使用轴控制面板。（　　　）

2. 交流伺服电动机运转非常平稳，即使在低速时也不会出现振动现象。（　　　）

3. 工艺轴控制面板用于在手动模式下移动轴、优化轴设置和测试系统。（　　　）

任务 5.3　装载小车编码器定位

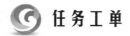 **任务工单**

运动控制与
高速脉冲指令

任务名称	装载小车编码器定位	预计时间	120 min
材料清单	元件：S7-1200 CPU 1214C DC/DC/DC、24 V 稳压源、按钮、伺服电动机、伺服驱动器、（或步进控制系统）、限位开关、编码器、装载小车控制对象等； 工具：一字改锥、十字改锥、万用表、剥线钳、压线钳； 耗材：导线、线针、线号管	实施场地	PLC 控制柜、动力电源（条件受限，没有装载小车控制对象时，可以用其他元件替代、组合。建议配合组态画面）
任务描述	装载机构由伺服系统、滚珠丝杠机构、装载小车、托盘组成，物料置于托盘上，伺服电动机带动装载小车以 1 圈/s 的速度 Z 向慢速入库，入库后将托盘与物料一起置于库位，装载小车以 2 圈/s 快速退回。 已知电动机连接滚珠丝杠机构螺距为 4 mm，伺服电动机旋转一周需要 2 000 个脉冲。 启动后，装载小车回原点。在原点停留 1 s，自动启动前行 12 cm 将托盘放置在库位上完成入库，装载小车返回原点，完成一个工作周期。按下停止按钮可在工作过程的任何状态停止运行		
素质目标	（1）通过分组开展任务实施，培养学生团队合作意识； （2）通过对硬件设备参数的设置，培养学生的动手操作能力； （3）通过不同方法实现定位控制，培养学生知识迁移能力和举一反三的能力		
知识目标	（1）编码器认知； （2）掌握高速计数器使用配置； （3）掌握高速计数器数据处理方法		
能力目标	（1）正确连接编码器接线； （2）在 PLC 中正确配置高速计数器； （3）掌握编码器定位的程序技巧； （4）具备相关知识迁移能力		
资讯	S7-1200 用户手册 伺服系统产品手册 编码器说明手册 自动化网站等		

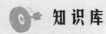 **知识库**

知识点 1：编码器基本认知

编码器实物如图 5.3-1 所示。编码器把角位移或直线位移转换成电信号，转换角位移的部分称为码盘，转换直线位移的部分称为码尺。

根据检测原理，编码器可分为光学式、磁式、感应式和电容式 4 种；按照读出方式，编码器可以分为接触式和非接触式两种；按照工作原理，编码器可分为增量式、绝对式及混合式 3 种。增量式编码器是将位移转换成周期性的电信号，再把这个电信号转变成计数脉冲，用脉冲的个数表示位移的大小。绝对式编码器的每个位置对应一个确定的数字码，因此它的示值只与测量的起始位置和终止位置有关，而与测量的中间过程无关。

图 5.3-1　常用编码器实物

编码器主要应用在机床、材料加工、电动机反馈系统以及测量和控制设备等方面。编码器产生电信号后由数控装置 CNC、可编程逻辑控制器 PLC、控制系统等来处理。

编码器的主要作用是检测旋转运动或者水平运动机械的移动方向、移动量、旋转角度。

知识点 2：光电编码器

光电编码器是通过光电转换，将输出至轴上的机械、几何位移量转换成脉冲或数字信号的传感器，主要用于速度或位置（角度）的检测。编码器原理如图 5.3-2 所示。

典型的光电编码器由光栅盘、发光元件和光敏元件组成。光栅盘（码盘）是在一定直径的圆板上等分地开通若干个长方形狭缝。由于光电码盘与电动机同轴，电动机旋转时经发光元件发出的光被光栅盘狭缝切割成断续光线，并被接收元件接收产生初始信号。该信号经后续电路处理产生输出脉冲或代码信号。根据脉冲的变化，可以精确测量和控制设备位移量。

增量式编码器直接利用光电转换原理输出三组方波脉冲 A、B 和 Z 相，如图 5.3-3 所示；A、B 两组脉冲相位相差 90°，用于辨向：当 A 相脉冲超前 B 相时为正转方向，而当 B 相脉冲超前 A 相时则为反转方向。Z 相每转发出一个脉冲，用于基准点定位。

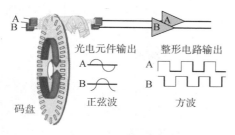

图 5.3-2 编码器原理示意图

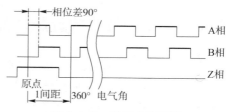

图 5.3-3 增量式编码器

绝对式编码器是直接输出数字量的传感器，在它的圆形码盘上沿径向有若干同心码道，每条道上由透光和不透光的扇形区相间组成，相邻码道的扇区数目是双倍关系，码盘上的码道数就是它的二进制数码的位数，在码盘的一侧是光源，另一侧对应每一码道有一光敏元件；当码盘处于不同位置时，各光敏元件根据受光照与否转换出相应的电平信号，形成二进制数，如图 5.3-4 所示。

图 5.3-4 绝对式编码器

电编码器经常与 PLC 连接，使用 PLC 的高速计数器来实现位置测量或者速度计算。

知识点 3：PLC 的高速计数器

编码器 A、B 相输出的是高速脉冲，由 PLC 接收并计数。因此，使用前应首先了解一下 PLC 的高速计数器。

普通计数器是按照顺序扫描的方式进行工作的，在每个扫描周期中，对计数脉冲只能进行一次累加，计数频率一般仅有几十赫兹。

当输入脉冲信号的频率比 PLC 的扫描频率高时，如果仍然采用普通计数器进行累加，会失去很多输入脉冲信号。在 PLC 中，处理比扫描频率高的输入信号的任务是由高速计数器来完成的。

高速计数器（High-Speed Counter，HSC）提供了发生在高于 PLC 扫描周期速率的计数脉冲。此外，还可以测量或设置脉冲发生的频率和周期，如运动控制可以通过 HSC 读取电动机编码器信号。

HSC 功能如下（硬件组态时表述为计数类型）。

（1）计数。计算脉冲次数并根据方向控制的状态递增或递减计数值；外部 I/O 可在指定事件上重置计数、取消计数、启动当前值捕获及产生单相脉冲；输出值为当前计数值且该计数值在发生捕获事件时产生。

（2）计算周期。会在指定的时间周期内计算输入脉冲的次数；返回脉冲的计数及持续时间（单位：ns）；会在频率测量周期指定的时间周期结束后，捕获并计算值。

（3）计算频率。测量输入脉冲和持续时间，然后计算出脉冲的频率。程序会返回一个有符号的双精度整数的频率（单位：Hz）。如果计数方向向下，该值为负。会在频率测量周期指定的时间周期结束时，捕获并计算值。

（4）运动控制。用于运动控制计数对象，不适用于 HSC 指令。

要使用 HSC 功能，首先必须在 Portal 软件的"设备组态"中进行高速计数器的配置。

知识点4：高速计数器的计数功能

不同的 PLC 型号支持的 HSC 个数与计数模式不同。S7-1200 PLC CPU 拥有 6 个 HSC（HSC1~HSC6），用以响应快速的脉冲输入信号。HSC 的运行速度比 CPU 的扫描周期快得多，可测量的单相脉冲频率最高为 100 kHz，双相或 A/B 相脉冲频率最高为 30 kHz。

不同计数器在不同的模式下，同一个物理点会有不同的定义，不是所有计数器均可以定义为任意工作模式。PLC 中 HSC 不同工作模式下输入信号的功能与作用如表 5.3-1 所示。

表 5.3-1　HSC 不同工作模式下输入信号分配

说明			默认输入分配			功能
HSC	HSC1	内置 或信号板 或监视 PTO0[①]	I0.0 I4.0 PTO0 脉冲	I0.1 I4.1 PTO0 方向	I0.3 I4.3 —	
	HSC2	内置 或信号板 或监视 PTO1[①]	I0.2 I4.2 PTO1 脉冲	I0.3 I4.3 PTO1 方向	I0.1 I4.1 —	
	HSC3[②]	内置	I0.4	I0.5	I0.7	
	HSC4[③]	内置	I0.6	I0.7	I0.5	
	HSC5[④]	内置 或信号板	I1.0 I4.0	I1.1 I4.1	I1.2 14.3	
	HSC6[④]	内置 或信号板	I1.3 I4.2	I1.4 I4.3	I1.5 I4.1	
模式	具有内部方向控制的单相计数器		时钟	—	—	计数或频率
					复位	计数
	具有外部方向控制的单相计数器		时钟	方向	—	计数或频率
					复位	计数
	具有 2 个时钟输入的双相计数器		加时钟	减时钟	—	计数或频率
					复位	计数
	A/B 相正交计数器		A 相	B 相	—	计数或频率
					Z 相	计数
	监视脉冲串输出（PTO）[①]		时钟	方向	—	计数

注：① 监视 PTO 的模式只有 HSC1 与 HSC2 支持，使用此模式时，CPU 在内部已经做了硬件连接，不需要外部接线。
② 对于仅支持 6 个内置输入的 CPU 1211C，不能使用带复位输入的 HSC3。
③ 对于仅支持 6 个内置输入的 CPU 1211C，不能使用 HSC4。
④ 仅当安装信号板时，CPU 1211C 和 CPU 1212C 才支持 HSC5 和 HSC6。

表 5.3-1 中，HSC 共有以下 5 种基本工作模式：

①具有内部方向控制的单相计数器。

②具有外部方向控制的单相计数器。

③具有 2 个时钟输入的双相计数器。

④A/B 相正交计数器。

⑤监控 PTO 的模式。

HSC 的输入使用与普通数字量输入相同的地址，当某个输入点定义为 HSC 的输入点时，就不能再应用为其他功能。但在某个模式下没有用到的输入点，还可以用于其他功能的输入。

HSC 工作模式的作用与功能如表 5.3-2 所示。

表 5.3-2　HSC 工作模式说明

HSC 基本工作模式	工作模式说明	工作模式示意图
单相计数，内部方向控制	计数器采集并记录时钟信号的个数，当内部方向信号为高电平时，计数器的当前值增加；当内部方向信号为低电平时，计数器的当前值减小	
单相计数，外部方向控制	计数器采集并记录时钟信号的个数，当外部方向信号（如外部按钮信号）为高电平时，计数器的当前数值增加，当外部方向信号为低电平时，计数器的当前数值减小	
具有 2 个时钟输入的双相计数器	当加计数有效时，计数器的当前数值增加，当减计数有效时计数器的当前数值减小	

续表

HSC 基本工作模式	工作模式说明	工作模式示意图
A/B 相正交计数器	当 A 相计数信号超前时，计数器的当前数值增加，当 B 相计数信号超前时，计数器的当前数值减小	
监控 PTO 的模式	脉冲串输出监视功能始终使用时钟和方向。如果仅为脉冲组态了相应的 PTO 输出，则通常应将方向输出设置为正计数	只有 HSC1 与 HSC2 支持。使用此模式时，不需要外部接线，CPU 在内部已做了硬件连接，可直接检测通过 PTO 功能所发脉冲

HSC 用于计数时，可用增量式编码器作输入。该编码器每转提供指定数量的计数值以及一个复位脉冲。作为接收编码器信号的 PLC 输入点，需先行在 Portal 软件的"设备组态"中进行配置。

知识点 5：高速计数器的寻址

每个 HSC 的测量值存储在输入过程映像区内，数据类型为 32 位双整型有符号数（DInt），在程序中可直接访问这些地址。过程映像区受扫描周期的影响，在一个扫描周期内，此数值不会发生变化，但 HSC 的实际值可能会在一个周期内变化，可通过读取外设地址的方式，读取当前时刻的实际值。以 ID1000 为例，其外设地址为"ID1000：P"。表 5.3-3 所示为设备组态中默认的 HSC 的测量值存储地址。可以在设备组态中修改这些存储地址。

表 5.3-3 HSC 测量值寻址

高速计数器号	数据类型	默认地址
HSC1	DInt	ID1000
HSC2	DInt	ID1004
HSC3	DInt	ID1008
HSC4	DInt	ID1012
HSC5	DInt	ID1016
HSC6	DInt	ID1020

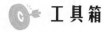 工具箱

技能点 1：编码器接线

编码器的接线如图 5.3-5 所示。

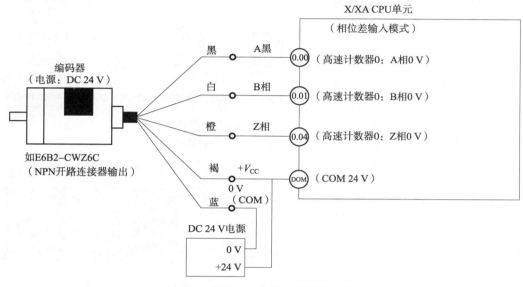

图 5.3-5   NPN 增量式编码器接线

说明：

（1）编码器 A、B 两相分别接入 PLC 的 I0.0 与 I0.1。

（2）不同品牌的编码器线色不同，可以查询产品说明书。

（3）Z 相不使用时，可以不接入 PLC。

技能点 2：高速计数器的配置

要使用 HSC 功能，首先必须使用"设备组态"（Device Configuration）界面中的 CPU "属性"（Properties）选项卡启用并组态 HSC。在下载硬件组态后，HSC 可以计数脉冲或测量频率而不需要任何调用指令。

S7-1200 CPU 的运动控制功能需要在硬件组态中进行配置，以组态 HSC1 为例，配置步骤如表 5.3-4 所示。

表 5.3-4   运动控制功能的硬件组态

步骤	描述	操作
实施前提	在项目中已添加 CPU。	

步骤	描述	操作
1	选择项目浏览器中的"设备组态"（Device Configuration）。	
2	选择要组态的 CPU。单击位于巡视窗口中的"属性"选项卡。在"常规"选项卡找到"高速计数器（HSC）"，选择"HSC1"。	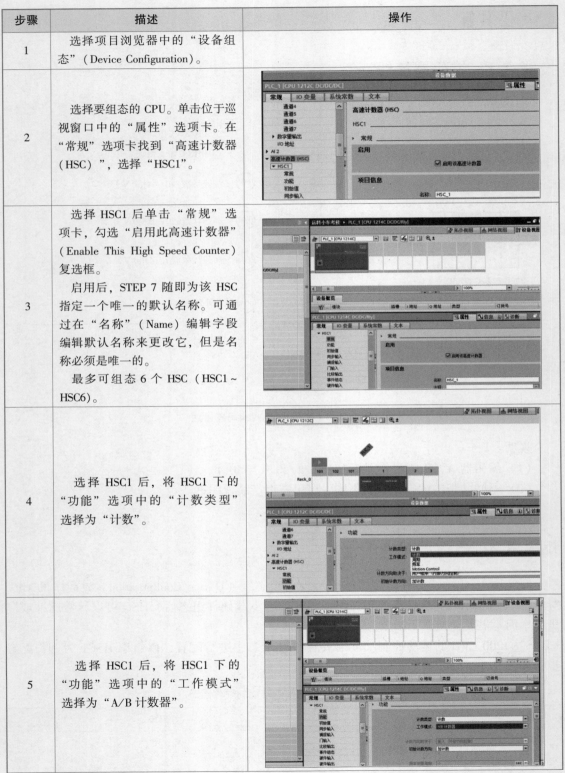
3	选择 HSC1 后单击"常规"选项卡，勾选"启用此高速计数器"（Enable This High Speed Counter）复选框。 启用后，STEP 7 随即为该 HSC 指定一个唯一的默认名称。可通过在"名称"（Name）编辑字段编辑默认名称来更改它，但是名称必须是唯一的。 最多可组态 6 个 HSC（HSC1 ~ HSC6）。	
4	选择 HSC1 后，将 HSC1 下的"功能"选项中的"计数类型"选择为"计数"。	
5	选择 HSC1 后，将 HSC1 下的"功能"选项中的"工作模式"选择为"A/B 计数器"。	

续表

步骤	描述	操作
6	选择 HSC1 下的"硬件输入"选项后，自动显示上方所配置工作模式的输入信号分配情况，也可以手动修改。 一般不建议修改。	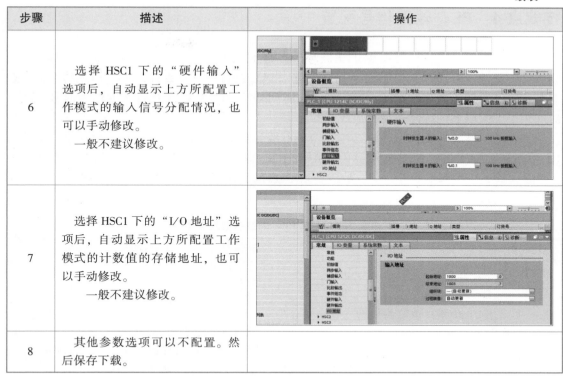
7	选择 HSC1 下的"I/O 地址"选项后，自动显示上方所配置工作模式的计数值的存储地址，也可以手动修改。 一般不建议修改。	
8	其他参数选项可以不配置。然后保存下载。	

HSC 指令无须启动，只要完成下载，即可自动启用。

技能点 3：高速计数器的测量值获取

PLC 程序中，只要调取 HSC1 的当前测量值就可以知道伺服电动机旋转了多少脉冲，那么如何调取 HSC1 的当前计数值呢？

CPU 将每个 HSC 的当前值存储在输入映像寄存器区，为 32 位双整有符号数，在程序中可以直接访问这些地址，如 HSC1 的当前计数值存储区为 ID1000。

一般为保证数据的准确性，可改为读取外设地址 ID1000：P。

图 5.3-6 中，两种方式均可以将 HSC1 中的 32 位双整有符号测量值通过转换指令转换为 32 位的实数值，存储在 MD20 中。不同之处在于，图 5.3-6（a）中获取的数据按照扫描周期发生变化，每周期变化一次，而 5.3-6（b）中的数据随时变化。显然使用图 5.3-6（b）中的方式采集的脉冲数据更加准确。

（a）输入映像寄存器区获取　　　　　（b）外设地址获取

图 5.3-6　PLC 程序中获取 HSC1 的测量值

技能点 4：PLC 输入信号配置

PLC 的数字量输入电路配置了滤波环节，每个数字输入点均有可调的滤波时间设置。编码器的脉冲信号通过 PLC 的数字输入点进入 PLC 进行高速计数时，要在 PLC 的设备组态中调整输入滤波器的滤波时间。过长的滤波时间会让 PLC 滤掉变化较快的输入信号，滤波时间跟不上编码器的脉冲速度，造成脉冲丢失。

如电动机旋转速度为 10 圈/s，使用 1 000 线编码器进行测量，那么 PLC 接收的脉冲为 10 000个/s。每个脉冲的周期为 1/10 000＝0.1 μs。PLC 的数字量输入的滤波时间默认值为 6.4 μs，远大于编码器脉冲时间，故需要对 PLC 的数字量输入的滤波时间按照表 5.3-5 所示步骤进行修改。

表 5.3-5　配置 PLC 的数字输入信号

步骤	描述	操作
实施前提	在项目中已添加 CPU	
1	① 选择项目浏览器中的"设备组态"（Device Configuration）。 ② 选择要组态的 CPU。 ③ 单击位于巡视窗口中的"属性"选项卡。	最多可组态 6 个 HSC（HSC1~HSC6）。通过勾选"启用此高速计数器"（Enable This High Speed Counter）复选框启用 HSC。
2	数字量输入：单击"通道 0"，进行 I0.0 的配置。	
3	输入滤波器：选择合适的滤波时间，这里选择"0.05millisec"。 millisec—ms； microsec—μs。	

续表

步骤	描述	操作
4	若不需要设置输入点的硬件中断，直接忽略此界面的"启用上升沿检测""启用下降沿检测""启用脉冲捕捉"复选框。	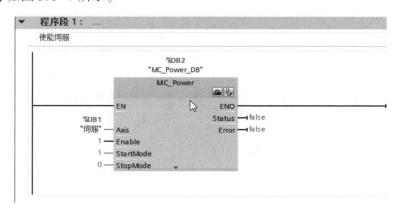
5	用同样的方法完成其他输入信号的配置。	
6	保存并下载。	

实施引导

（1）按系统要求完成硬件接线。

（2）在 Portal 软件中建立新项目，项目名称为"装载小车编码器定位"。

（3）完成硬件组态，并在硬件组态中开启脉冲发生器、配置高速计数器。

（4）插入工艺对象，配置工艺对象。

（5）编写 PLC 控制程序。

参考程序如图 5.3-7 所示。

图 5.3-7　示例程序

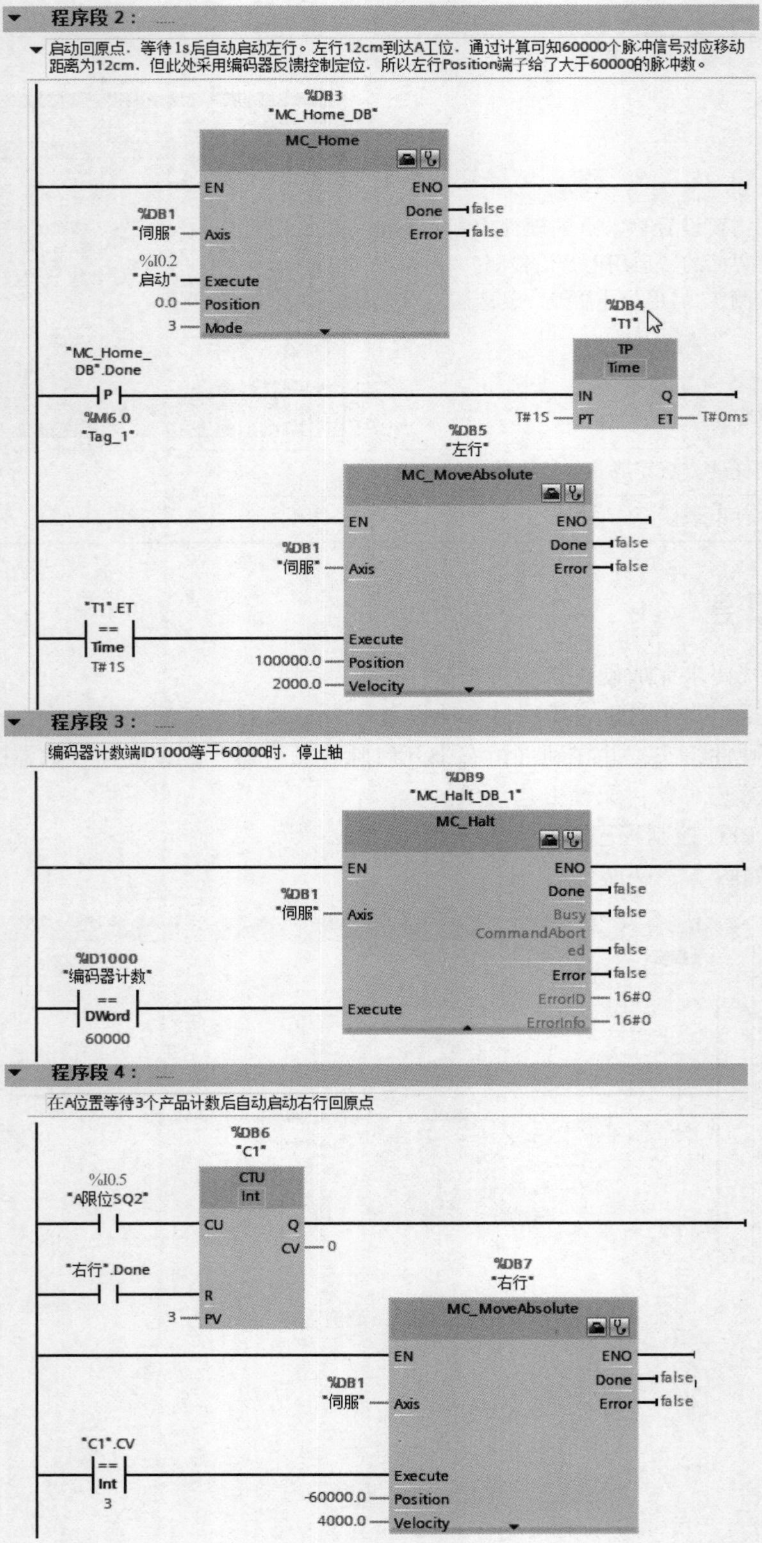
程序段 2：......
启动回原点，等待1s后自动启动左行。左行12cm到达A工位，通过计算可知60000个脉冲信号对应移动距离为12cm，但此处采用编码器反馈控制定位，所以左行Position端子给了大于60000的脉冲数。
%DB3
"MC_Home_DB"
MC_Home
EN
ENO
Done
false
Error
false
%DB1
"伺服"
Axis
%I0.2
"启动"
Execute
0.0
Position
3
Mode
%DB4
"T1"
TP
Time
"MC_Home_
DB".Done
P
%M6.0
"Tag_1"
IN
Q
T#1S
PT
ET
T#0ms
%DB5
"左行"
MC_MoveAbsolute
EN
ENO
Done
false
%DB1
"伺服"
Axis
Error
false
"T1".ET
==
Time
T#1S
Execute
100000.0
Position
2000.0
Velocity
程序段 3：......
编码器计数端ID1000等于60000时，停止轴
%DB9
"MC_Halt_DB_1"
MC_Halt
EN
ENO
Done
false
%DB1
"伺服"
Axis
Busy
false
CommandAbort
ed
false
%ID1000
"编码器计数"
==
DWord
60000
Error
false
ErrorID
16#0
Execute
ErrorInfo
16#0
程序段 4：......
在A位置等待3个产品计数后自动启动右行回原点
%DB6
"C1"
CTU
Int
%I0.5
"A限位SQ2"
CU
Q
CV
0
"右行".Done
R
3
PV
%DB7
"右行"
MC_MoveAbsolute
EN
ENO
Done
false
%DB1
"伺服"
Axis
Error
false
"C1".CV
==
Int
3
Execute
-60000.0
Position
4000.0
Velocity

图 5.3-7　示例程序（续）

▼　**程序段 5：**

停止按钮

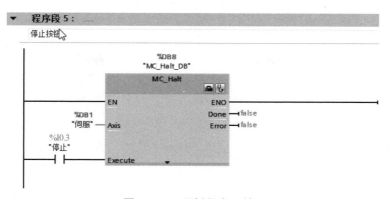

图 5.3-7　示例程序（续）

任务实施记录单

任务名称	装载小车编码器定位	完成时长	
组别		组长	
组员姓名			
材料清单	元件：S7-1200 CPU 1214C DC/DC/DC、24 V 稳压源、按钮、伺服电动机、伺服驱动器（或步进控制系统）、限位开关、编码器、装载小车控制对象等； 工具：一字改锥、十字改锥、万用表、剥线钳、压线钳； 耗材：导线、线针、线号管	实施场地	
		费用预算	
任务要求	装载机构由伺服系统、滚珠丝杠机构、装载小车、托盘组成，物料置于托盘上，伺服电动机带动装载小车以 1 圈/s 的速度沿 Z 向慢速入库，入库后将托盘与物料一起置于库位，装载小车以 2 圈/s 的速度快速退回。 已知电动机连接滚珠丝杠机构螺距为 4 mm，伺服电动机旋转一周需要 2 000 个脉冲。 启动后，装载小车回原点。在原点停留 1 s，自动启动前行 12 cm 将托盘放置在库位上完成入库，装载小车返回原点，完成一个工作周期。按下停止按钮可在工作过程的任何状态停止运行		
资讯与参考			
决策与方案	提供方案形成的思路与过程。实施方案与参数若通过文档提供，请注明		
实施步骤与过程记录			

任务名称	装载小车编码器定位		完成时长		
检查与评价	自我检查记录				
	结果记录				
文档清单	列写本任务完成过程中涉及的所有文档，并提供纸质或电子文档。				
	序号	文档名称	电子文档存储路径	完成时间	负责人
	1				
	2				

考核评价单

任务名称	装载小车编码器定位	验收结论	
验收负责人		验收时间	
验收成员			
材料清单	元件：S7-1200 CPU 1214C DC/DC/DC、24 V稳压源、按钮、伺服电动机、伺服驱动器（或步进控制系统）、限位开关、编码器、装载小车控制对象等； 工具：一字改锥、十字改锥、万用表、剥线钳、压线钳； 耗材：导线、线针、线号管	费用核算	
任务要求	装载机构由伺服系统、滚珠丝杠机构、装载小车、托盘组成，物料置于托盘上，伺服电动机带动装载小车以1圈/s的速度Z向慢速入库，入库后将托盘与物料一起置于库位，装载小车以2圈/s快速退回。 　已知电动机连接滚珠丝杠机构螺距为4 mm，伺服电动机旋转一周需要2 000个脉冲。 　启动后，装载小车回原点。在原点停留1 s，自动启动前行12 cm将托盘放置在库位上完成入库，装载小车返回原点，完成一个工作周期。按下停止按钮可在工作过程的任何状态停止运行		
方案确认			
实施过程与 结果确认			

任务名称	装载小车编码器定位		验收结论		
验收要点	评价列表	验收要点		配分	得分
	素养评价	纪律（无迟到、早退、旷课）		10	
		安全规范操作，符合 5S 管理		10	
		团队协作能力、沟通能力		10	
	工程技能	元件选择正确		10	
		元件安装位置合理，安装稳固；硬件接线符合接线工艺，走线平直，装接稳固		10	
		PLC I/O 分配合理，完整		10	
		伺服/步进系统接线正确		10	
		伺服/步进驱动器参数设置正确		10	
		PLC 工艺对象组态正确		10	
		高速计数器参数配置正确		5	
		PLC 控制程序功能完整，符合控制要求		5	
	总评得分				

效果评价	1. 目标完成情况
	2. 知识技能增值点
	3. 存在问题及改进方向

文档接收清单	列写本任务完成过程中涉及的所有文档，并提供纸质或电子文档。			
	序号	文档名称	接收人	接收时间
	1			
	2			

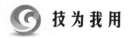　技 为 我 用

工程上一般会将运动部件的实际距离在 HMI 设备上显示。已知丝杠拖动滑台运行，丝杠螺纹间距为 4 mm，编码器线程为 1 000。尝试通过 PLC 程序采集编码器脉冲信号，并转换为一位小数点的实际距离值。

（PLC 中只需要将距离值转换为实数即可，实际距离的小数点位数可以在 HMI 中设置）

　进 阶 测 试

一、填空题

1. 编码器把角位移或直线位移转换成（　　　），转换角位移的部分称为码盘，转换直线位移的部分称为码尺。

2. 光电编码器是通过光电转换，将输出至轴上的机械、几何位移量转换成（　　　）或数字信号的传感器，主要用于速度或位置（　　　）的检测。

3. 光电编码器经常与 PLC 连接，使用 PLC 的（　　　）来实现位置测量或者速度计算。

4. 编码器按照工作原理可分为（　　　）、绝对式以及混合式 3 种。

5. 高速计数器的实际值可能会在一个周期内变化，可通过读取外设地址的方式，读取当前时刻的实际值。以 ID1000 为例，其外设地址为（　　　）。

二、单选题

S7-1200 的每个高速计数器的测量值存储在输入过程映像区内，数据类型为（　　　）。

A. 32 位双整型有符号数　　　　　　　B. 16 位整型有符号数

C. 32 位浮点数　　　　　　　　　　　D. 16 位整型无符号数

三、判断题

1. 编码器是把角位移或直线位移转换成电信号的装置。（　　　）

2. PLC 的高速计数器的输入使用与普通数字量输入不同的地址，当某个输入点定义为高速计数器的输入点时，就不能再应用为其他功能。（　　　）

3. 编码器的脉冲信号通过 PLC 的数字输入点进入 PLC 进行高速计数时，要在 PLC 的设备组态中调整输入滤波器的滤波时间，过长的滤波时间会造成脉冲丢失。（　　　）

4. 高速计数器指令无须启动，只要完成下载，即可自动启用。（　　　）

项目 6

多站点通信控制 G120

岗课赛证融通要求

智能制造工程技术人员国家职业技术技能标准		
工作内容	专业能力要求	相关知识要求
3.2 安装、调试、部署和管控智能装备与产线	3.2.3 能进行智能装备与产线的现场安装、调试、网络与系统部署	3.2.6 传感器应用、PLC 技术、工艺规划、网络安全知识
可编程控制器系统应用编程职业技能等级标准		
工作领域	工作任务	技能要求
3. 可编程控制器系统编程	3.1 可编程控制器基本逻辑指令编程	3.1.1 能够正确创建新的 PLC 程序 3.1.2 能够使用常开/常闭指令完成程序编写 3.1.3 能够使用上升沿/下降沿指令完成程序编写 3.1.4 能够使用输出/置位/复位指令完成程序编写
全国职业院校技能大赛高职组"工业网络智能控制与维护"赛项		
任务要求：操作人员可以现场对控制单元进行操作、编程与调试，完成整个装配生产线系统的自动运行、自动监测和自动管理。		

项目引入

工业领域正处于第四次工业革命的开端。自动化之后是生产的数字化，目标是生产率、效率、速度和质量的提高。工业通信在整个生产线监控、管理的复杂任务中发挥了巨大作用。没有强大的通信解决方案，数字转型也不可能实现。

本项目通过以下两个任务介绍 S7-1200 常用的通信方式。

任务6.1　S7通信控制G120启停与速度

项目6　多站点通信控制G120 ——— 任务6.2　开放式用户通信控制G120启停与速度

任务 6.1　S7 通信控制 G120 启停与速度

PLC 通信设置

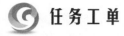 任务工单

任务名称	S7 通信控制 G120 启停与速度	预计时间	120 min
材料清单	元件：两个 S7-1200 CPU 1214C DC/DC/DC、24 V 稳压源、按钮、交流异步电动机、G120C、网络连接线等； 工具：一字改锥、十字改锥、万用表、剥线钳、压线钳； 耗材：导线、线针	实施场地	PLC 控制柜、动力电源 （教学过程中可改在具备条件的实训室）
任务描述	工业以太网中的两个 PLC 站点，PLC1：S7-1200 DC/DC/DC CPU，Profinet 网下挂 G120C 变频器。PLC2：S7-1200 DC/DC/DC CPU。 要求：无论 PLC1 或 PLC2 均可以以给定的速度启停变频器		
素质目标	（1）通过小组合作开展任务，培养学生全局意识； （2）通过采用通信的形式控制启停，培养学生知识综合运用能力； （3）通过在线检查 S7 网络配置，培养学生精益求精的工匠精神		
知识目标	（1）S7 通信协议； （2）GET/PUT 指令		
能力目标	（1）创建 S7 连接； （2）掌握在线检查 S7 网络配置； （3）掌握 GET/PUT 指令的配置与使用		
资讯	S7-1200 用户手册 G120 用户手册 S7-1200 通信手册 自动化相关网站等		

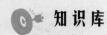

🎯 知识库

知识点 1：S7 通信协议

S7 通信协议是面向连接的协议，具有较高的安全性。连接是指两个通信伙伴之间为了执行通信任务建立的逻辑链路，而不是指两个站之间用物理媒体（如电缆）实现的连接。

S7 连接是需要组态的静态连接，静态连接要占用 CPU 的连接资源。基于连接的通信分为单向连接和双向连接，S7-1200 仅支持 S7 单向连接。

单向连接中的客户机（Client）是向服务器（Server）请求服务的设备，客户机调用 GET/PUT 指令读写服务器的存储区。服务器是通信中的被动方，用户不用编写服务器的 S7 通信程序，S7 通信是由服务器的操作系统完成的。因为客户机可以读写服务器的存储区，单向连接实际上可以双向传递数据。

知识点 2：GET/PUT 指令

1. GET 指令

GET 指令用于从远程 CPU 读取数据。指令格式如图 6.1-1 所示。各端子的功能见表 6.1-1。

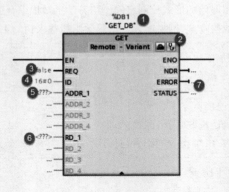

图 6.1-1　GET 指令格式

表 6.1-1　GET 指令端子说明

序号	端子标识	说明
1	GET_DB	调用 GET 指令时指定的背景数据块
2	🔧	指令的配置工具与诊断工具
3	REQ	在 REQ 的上升沿启动指令
4	ID	伙伴 CPU S7 连接的寻址参数，完成组态后自动生成

续表

序号	端子标识	说明
5	ADDR_1	伙伴 CPU 上待读取数据区域的地址指针
6	RD_1	本地 CPU 上用于存储已读数据区域的指针
7	输出端子	标识指令执行的结果、错误代码及错误信息

注意：

（1）已在伙伴 CPU 属性的"保护"（Protection）中激活"允许来自远程对象的 PUT/GET 通信访问"（见技能点 1）。

（2）指令中可设定多个数据 ADDR_i、RD_i 区域，可以同时完成多个数据区的数据传送。

（3）参数 ADDR_i 和 RD_i 定义的数据区域在数量、长度和数据类型等方面要匹配。

（4）ADDR_i 和 RD_i 数据格式一般使用指针，如 P＃DB10. DBX6. 0 Int 10，其含义是：数据块 DB10 中 DBW6 开始的连续 10 个 Int 数据。

（5）错误代码及错误信息可以通过帮助系统查询。

2. PUT 指令

PUT 指令用于向远程 CPU 写入数据。指令格式如图 6.1-2 所示。各端子功能与 GET 指令类似。

ADDR_i 端：伙伴 CPU 上用于写入数据的区域指针；

SD_i 端：本地 CPU 上要发送数据的区域指针。

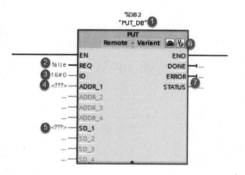

图 6.1-2　PUT 指令格式

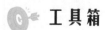 **工具箱**

技能点 1：创建 S7 连接

两个 S7-1200 站点（PLC1 和 PLC2）均为 CPU 1214C，它们的 PN 接口 IP 地址分别为 192. 168. 0. 1 和 192. 168. 0. 2，子网掩码为 255. 255. 255. 0。建立 S7 连接步骤如表 6.1-2 所示。

表 6. 1-2　建立 S7 连接步骤

步骤	描述	操作
1	前提	在同一个子网添加两个 S7-1200 站点，PN 接口 IP 地址分别设置为 192. 168. 0. 1 和 192. 168. 0. 2

续表

步骤	描述	操作
2	①双击项目树的"设备和网络"，打开网络视图； ②单击"连接"； ③在选择框中选择"S7 连接"。	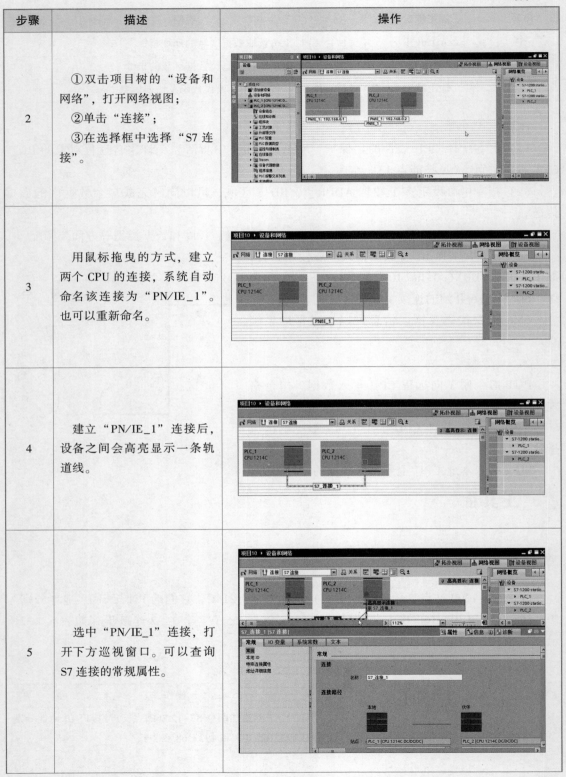
3	用鼠标拖曳的方式，建立两个 CPU 的连接，系统自动命名该连接为"PN/IE_1"。也可以重新命名。	
4	建立"PN/IE_1"连接后，设备之间会高亮显示一条轨道线。	
5	选中"PN/IE_1"连接，打开下方巡视窗口。可以查询 S7 连接的常规属性。	

续表

步骤	描述	操作
6	在巡视窗口的"特殊连接属性"选项组中勾选"主动建立连接"复选框，使该 CPU 成为连接发起的主动方。	
7	单击网络视图小三角按钮（①处），打开"连接"选项卡，可以看到生成的 S7 连接的详细信息。	
8	使用固件版本 V4.0 以上 S7-1200 CPU 作为 S7 通信服务器，需要勾选"允许来自远程对象的 PUT/GET 通信访问"复选框。步骤如图中所示。	

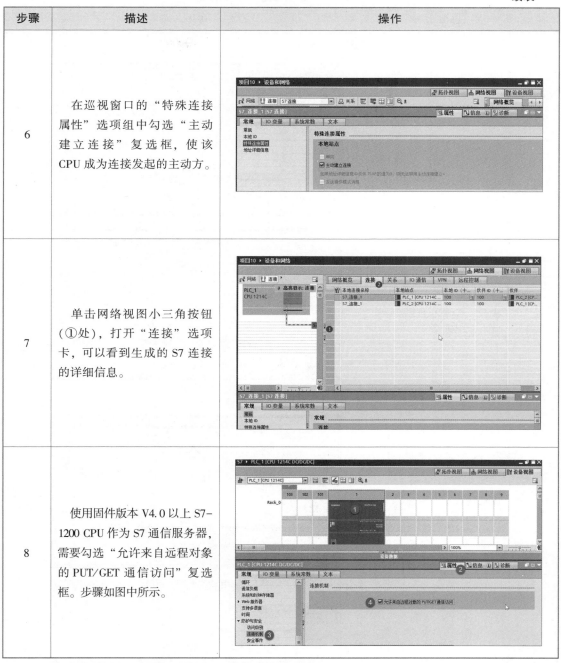

技能点 2：在线检查 S7 网络配置

S7 连接正常才能保障数据的正确传输，表 6.1-3 是在线检查 S7 网络配置的步骤。

表 6.1-3　在线检查 S7 网络配置

步骤	描述	操作
1	前提	已建立 S7 连接
2	单击"转至在线"。	
3	高亮显示连接，在巡视窗口可查看连接状态。当前②处图标显示连接错误。	
4	修改连接错误。	
5	巡视窗口显示连接正确。	
6	显示连接信息。	

技能点 3：GET/PUT 指令的配置与使用

以一个小的实例介绍 GET/PUT 指令的配置与使用。

实例：将 PLC1 中的 3 个 Real 型温度数据传送到 PLC2 中。

第一步：建立新项目，插入两个站点并设置 PN/IE-1 子网及 IP 地址。

第二步：建立 S7 连接（见技能点 1）。

第三步：在 PLC1 中建立发送数据块，发送数据块设置如图 6.1-3 所示。在 PLC2 中建立接收数据块，接收数据块设置如图 6.1-4 所示。

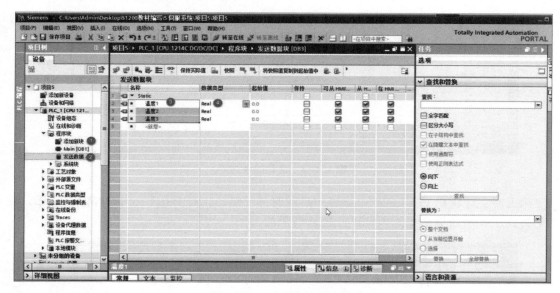

图 6.1-3　发送数据块设置

图 6.1-4　接收数据块设置

第四步：设置数据块的属性。

右键单击 PLC1 的"发送数据块"，打开右键快捷菜单，选择"属性"命令，去掉"优化的块访问"复选框的勾选，如图 6.1-5 所示。

对 PLC2 的"接收数据块"做相同处理。

图 6.1-5　优化的块访问

第五步：建议在 PLC1 的硬件属性中启用时钟存储器，如图 6.1-6 中的 MB10 所示。使用时钟因子调用通信指令，可以节省 PLC 资源的占用。

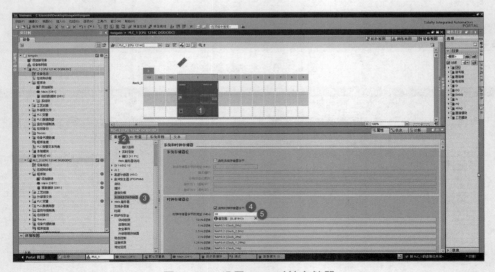

图 6.1-6　设置 CPU 时钟存储器

第六步：在 PLC1 的"Main"中编程，将 PLC1 的"发送数据块"中的数据传送到 PLC2 的"接收数据块"中。

（1）将 PUT 指令拖曳到编程区，如图 6.1-7 所示。

（2）单击 PUT 指令的组态按钮，打开 PUT 指令组态对话框。首先设置连接参数，"本

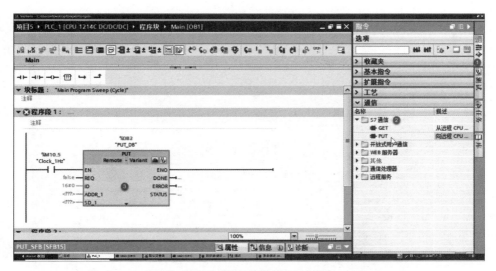

图 6.1-7　程序中插入 PUT 指令

地"参数自动生成，勾选"主动建立连接"复选框；"伙伴"选择 PLC-2 后参数自动生成，如图 6.1-8 所示。

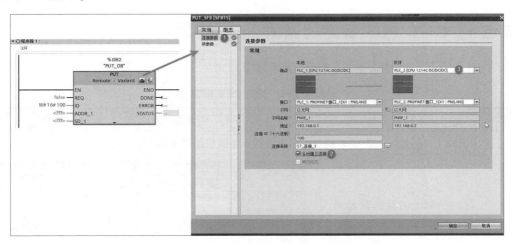

图 6.1-8　配置 PUT 指令的连接参数

单击"块参数"选项，组态 PUT 指令的输入输出端子，如图 6.1-9 所示。

①单击"块参数"。

②使用 1 Hz 时钟存储器位触发通信指令，实现 PLC1 每隔 1 s 向 PLC2 发送一次数据。因此，通信数据更新的时间为 1 s。

③写入区域地址为 PLC2 的"接收数据块"，由于去掉了"优化的块访问"设置，此处需要输入绝对地址 DB1。写入区设置为："接收数据块" DB1 从 0 号字节开始的 2 个实数。

④发送区设置与写入区相同。

⑤若不关注输出信号，输出区各端子可不设置。

⑥单击"确定"按钮，完成设置。

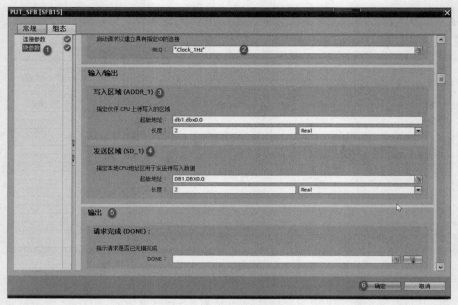

图 6.1-9　配置 PUT 指令的输入输出端子

技能点 4：GET/PUT 程序的调试

技能点 3 中的实例将按表 6.1-4 所列步骤进行调试。

表 6.1-4　调试 PUT 指令

步骤	描述	操作
1	前提	完成技能点 1 到技能点 3 的配置，并正确下载
2	打开 PLC1 的发送数据块，单击"全部监视"。 　在监视值栏输入 3 个温度值。	
3	打开 PLC2 的接收数据块，单击"全部监视"，可以看到 PLC1 的 3 个数据已经传送过来了。	

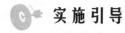 **实 施 引 导**

1. 任务分析

（1）任务要求：工业以太网中的两个 PLC 站点，PLC1：S7-1200 DC/DC/DC CPU，Profinet 网下挂 G120C 变频器；PLC2：S7-1200 DC/DC/DC CPU。

按下 PLC1 端启动按钮 SB1，变频器以给定的 25 Hz 频率运行。按下 PLC2 端启动按钮 SB2，变频器以给定的 50 Hz 频率运行。

（2）PLC1、PLC2、G120C 这 3 个设备通过网线连接在交换机上，网络规划如图 6.1-10 所示。

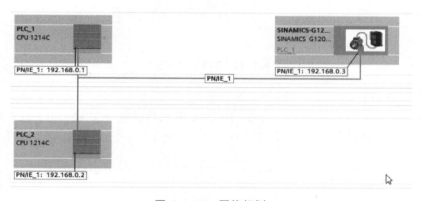

图 6.1-10　网络规划

（3）数据规划。

PLC1 与 PLC2 之间交换两个数据，即启停信号 Bool 型和频率设定值信号 Word 型。为保证交换数据的一致性，此处将 Bool 型启停信号以 Word 型的位数据处理。交换的数据以 PLC1 主动 GET PLC2 数据的方式实现。交换数据规划如表 6.1-5 所示。

表 6.1-5　交换数据规划

数据	数据获取方 PLC1 地址	数据提供方 PLC2 地址	数据类型	备注
交换数据 1	DB1. DBW0	DB1. DBW0	Word	按下 PLC2 启动按钮 SB2，信号将存储在 DB1. DBX0.0 中
交换数据 2	DB1. DBW2	DB1. DBW2	Word	PLC2 频率设定值以十六进制字的方式存储

此处 PLC1 或 PLC2 中设置的数据块均为 DB1，但两个 DB1 归属于不同的 PLC，编程时需要加以区分。

（4）G120 设置为总线控制方式，选择报文 1。

（5）GET 指令的配置过程与 PUT 配置过程相似，可参照技能点 1 到技能点 3。

2. 参考程序

（1）PLC2 站点程序。

启动按钮信号赋值给 DB1. DBX0. 0，频率设定值 16#4000 赋值给 DB1. DBW2，如图 6. 1-11 所示。

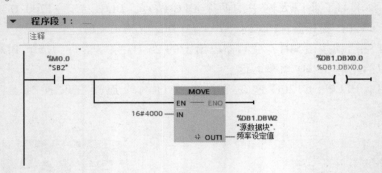

图 6. 1-11 PLC2 站点程序

（2）PLC1 站点程序。

PLC1 站点需要完成本站启停信号 25 Hz 启动变频器的任务，或来自 PLC2 站点启停信号 50 Hz 启动变频器的任务。示例程序如图 6. 1-12 所示。

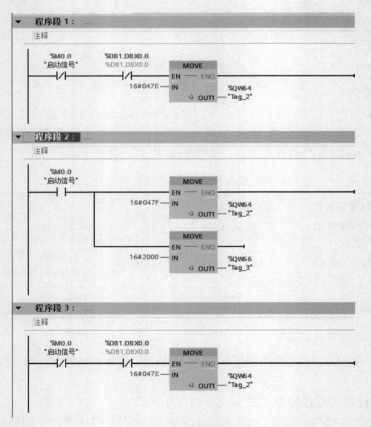

图 6. 1-12 示例程序

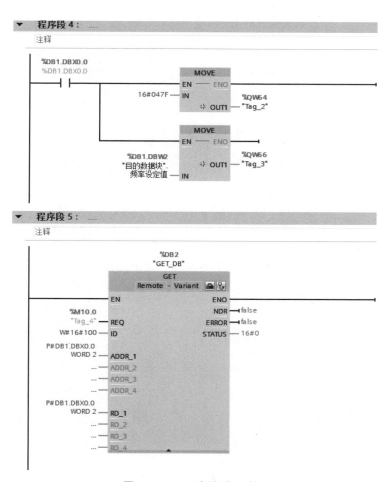

图 6.1-12 示例程序（续）

任 务 实 施 记 录 单

任务名称	S7 通信控制 G120 启停与速度	完成时长	
组别		组长	
组员姓名			
材料清单	元件：两个 S7-1200 CPU 1214C DC/DC/DC、24 V 稳压源、按钮、交流异步电动机、G120C、网络连接线等； 工具：一字改锥、十字改锥、万用表、剥线钳、压线钳； 耗材：导线、线针	费用预算	
任务要求	工业以太网中的两个 PLC 站点，PLC1：S7-1200 DC/DC/DC CPU，Profinet 网下挂 G120C 变频器；PLC2：S7-1200 DC/DC/DC CPU。 要求：无论是 PLC1 还是 PLC2 均可以以给定的速度启停变频器		
资讯与参考			
决策与方案			
实施步骤与过程记录			

任务名称	**S7 通信控制 G120 启停与速度**		完成时长	
检查与评价	自我检查记录			
	结果记录			
文档清单	列写本任务完成过程中涉及的所有文档，并提供纸质或电子文档。			
	序号	文档名称	电子文档存储路径	完成时间	负责人
	1				
	2				

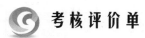 **考核评价单**

任务名称	**S7 通信控制 G120 启停与速度**	验收结论	
验收负责人		验收时间	
验收成员			
材料清单	元件：两个 S7 - 1200 CPU 1214C DC/DC/DC、24 V 稳压源、按钮、交流异步电动机、G120C、网络连接线等； 工具：一字改锥、十字改锥、万用表、剥线钳、压线钳； 耗材：导线、线针	费用核算	
任务要求	工业以太网中的两个 PLC 站点，PLC1：S7 - 1200 DC/DC/DC CPU，Profinet 网下挂 G120C 变频器。PLC2：S7 - 1200 DC/DC/DC CPU。 要求：无论 PLC1 或 PLC2 均可以给定的速度启停变频器		
方案确认			
实施过程确认			

验收要点	评价列表		验收要点	配分	得分
	素养评价		纪律（无迟到、早退、旷课）	10	
			安全规范操作，符合 5S 管理	10	
			团队协作能力、沟通能力	10	
	工程技能		网络规划、配置合理	10	
			S7 连接有效	10	
			硬件组态正确	10	
			PUT/GET 指令配置正确	10	
			数据块中数据规划合理	10	
			能够发现并修正硬件连接错误	10	
			能够使用博途调试诊断工具修改软件故障	5	
			能够编写满足控制要求的程序	5	
			总评得分		

任务名称	**S7 通信控制 G120 启停与速度**	验收结论	
效果评价	1. 目标完成情况 2. 知识技能增值点 3. 存在问题及改进方向		

文档接收清单	列写本任务完成过程中涉及的所有文档，并提供纸质或电子文档。		

列写本任务完成过程中涉及的所有文档，并提供纸质或电子文档。

序号	文档名称	接收人	接收时间
1			
2			

技为我用

任务 6.1 以 PLC1 为客户端，PLC2 为服务器，PLC1 端使用 GET 指令主动获取 PLC 端数据。

现要求以 PLC2 端为客户端，主动提供数据给 PLC1 使用，在 PLC1 中编写控制程序。

控制要求：PLC1 站启停按钮可以单独启停电动机 1，PLC2 站启停按钮可以单独启停电动机 2。当安装在 PLC2 上的并行启动按钮按下时，两台电动机同时启动，按下并行停止按钮后，两台电动机同时停止。

进阶测试

一、单选题

1. GET/PUT 指令的 REQ 端子是指令的启动端子，正常工作时需要（　　）。

A. 高电平信号　　　　B. 低电平信号　　　　C. 上升沿信号　　　　D. 下降沿信号

2. GET/PUT 指令的 ADDR_1 端子配置正确的是（　　）。

A. P#DB10. DBX6. 0 Int 10　　　　　　　　B. DB10. DBX6. 0

C. P#DB10. DBW6 Int 10　　　　　　　　　D. MW10

3. S7 连接传递数据块中数据，需要先（　　）"优化的块访问"复选框。

A. 勾选　　　　　　B. 消除　　　　　　C. 都行

4. 可以与 IP 地址为 192.168.0.1 的 PLC 进行 S7 连接的 PLC2 的 IP 地址可能是（　　）。

A. 192.168.0.1　　B. 192.168.0.100　　C. 190.168.0.1　　D. 192.160.0.2

二、判断题

1. Portal 软件中连接的概念是指两个通信伙伴之间由物理媒体（如电缆）实现的连接。（　　）

2. 基于连接的通信分为单向连接和双向连接，S7-1200 都支持。（　　）

3. S7 连接中，客户机调用 GET/PUT 指令读写服务器的存储区。服务器是通信中的被动方，用户不用编写服务器的 S7 通信程序。（　　）

4. 固件版本 V4.0 以上 S7-1200 CPU 作为 S7 通信服务器，需要打开"允许来自远程对象的 PUT/GET 通信访问"。（　　）

任务 6.2　开放式用户通信控制 G120 启停与速度

PLC 通信指令

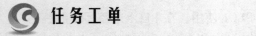 任务工单

任务名称	开放式用户通信控制 G120 启停与速度	预计时间	120 min
材料清单	元件：两个 S7−1200 CPU 1214C DC/DC/DC、24 V 稳压源、按钮、交流异步电动机、G120C、网络连接线等； 工具：一字改锥、十字改锥、万用表、剥线钳、压线钳； 耗材：导线、线针	实施场地	PLC 控制柜、动力电源（教学过程中可改在具备条件的实训室）
任务描述	工业以太网中的两个 PLC 站点，PLC1：S7−1200 DC/DC/DC CPU，Profinet 网下挂 G120C 变频器。PLC2：S7−1200 DC/DC/RLY CPU（也可以是其他厂家设备）。 　　要求：PLC1 端设置本地/远程控制开关，开关打到本地控制时，PLC1 的启停按钮控制 G120C 以 25 Hz 运行；开关打到远程控制时，PLC2 的启停按钮控制 G120C 以 50 Hz 运行		
素质目标	（1）通过小组合作开展任务，培养学生全局意识； （2）通过对硬件设备的组态，培养学生发现问题、解决问题的能力； （3）通过联机调试，培养学生精益求精的工匠精神		
知识目标	（1）OUC 通信协议； （2）TSEND_C/RCV_C 指令		
能力目标	（1）会根据任务要求进行设备硬件组态、网络参数设置； （2）能根据设备硬件组态，熟练进行连接参数的组态； （3）会根据任务要求用 TSEND_C/RCV_C 进行发送和接收数据程序编写； （4）会排除联机调试过程中出现的问题及故障		
资讯	S7−1200 用户手册 G120 用户手册 OUC 通信手册 自动化相关网站等		

知 识 库

知识点 1：开放式用户通信概述

OUC（Open User Communication）即为开放式用户通信，采用开放式标准，适用于与第三方设备的通信，也适用于西门子 S7-300/400、S7-1200/1500 及 S7-200SMART 之间的通信。开放式用户通信主要包含以下 3 种通信方式。

（1）TCP 通信，是面向数据流的通信，为设备之间提供全双工、面向连接、可靠安全的连接服务，传送数据时需要指定 IP 地址和端口号。TCP/IP 是面向连接的通信协议，通信的传输需要经过建立连接、数据传输、断开连接 3 个阶段，是使用最广泛的通信，适用于大量数据的传输。

（2）ISO-on-TCP 通信，是面向消息的协议，是在 TCP 中定义了 ISO 传输的属性，是面向连接的通信协议，通过数据包进行数据传输。ISO-on-TCP 是面向消息的协议，数据传输时传送关于消息长度和消息结束的信息。

（3）UDP 通信，是一种非面向连接的通信协议，发送数据之前无须建立连接，传输数据时只需要指定 IP 地址和端口号作为通信端点，不具有 TCP 中的安全机制，数据的传输无须伙伴方应答，因而数据传输的安全不能得到保障，数据传输时传送关于消息长度和结束的信息。

开放式用户通信是双边通信，即客户端与服务器端都需要写程序。比如：客户端写发送指令和接收指令，则服务器端也要写接收指令和发送指令，发送与接收指令是成对出现的。

对于具有集成 PN/IE 接口的 CPU，可使用 TCP、UDP 和 ISO-on-TCP 连接类型进行开放式用户通信。通信伙伴可以是两个 SIMATIC PLC，也可以是 SIMATIC PLC 和相应的第三方设备。

TCP、ISO-on-TCP 通信都是面向连接资源的通信，通信设备的台数受到通信连接资源的限制。开放式用户通信有 8 个资源，如果再加上 6 个动态资源，即 TCP、ISO-on-TCP、UDP、MODBUS TCP 这 4 种通信，最多可同时连接 14 个。

在 CPU 的"属性"的"常规"选项卡中找到"连接资源"，可以查看 CPU 的各类通信连接资源数，如图 6.2-1 所示。每个 CPU 最多可支持 68 个特定的连接资源，其中 62 个连接资源为特定类别通信的资源，6 个为动态连接资源，可根据需要扩展 S7、OUC 等通信连接资源。

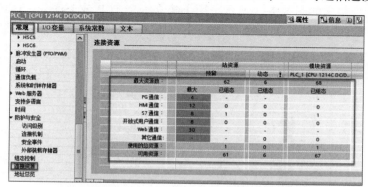

图 6.2-1　S7-1200 的连接资源

注意：S7-1200 CPU 具有 4 个连接资源用于编程设备通信，编程设备根据使用功能的不同会占用最多 3 个连接资源，S7-1200 CPU 确保一个编程设备的连接，但同一时刻也只允许一个编程设备的连接。

知识点 2：开放式用户通信指令

在 S7-1200 PLC 中提供了两种开放式用户通信指令：一种是集成了连接功能的指令；另一种是需要进行单独使用连接指令进行连接后才可使用的指令，如图 6.2-2 所示。

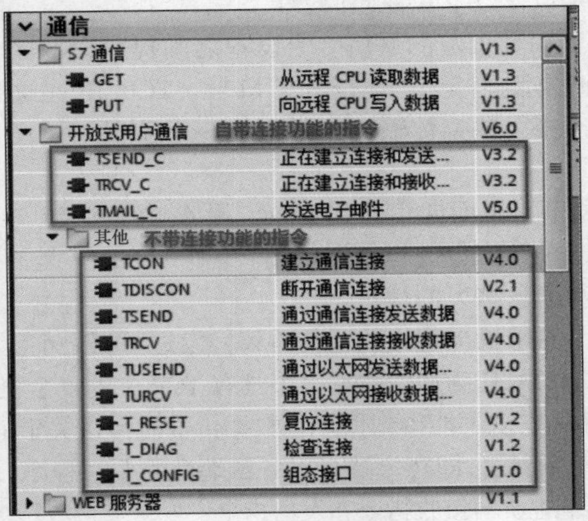

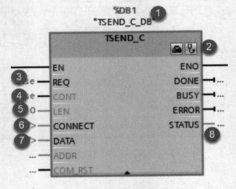

图 6.2-2　开放式用户通信相关指令

自带连接功能的指令有 TSEND_C（建立连接并发送数据）、TRCV_C（建立连接并接收数据）和 TMAIL_C（发送电子邮件）。自带连接的通信指令适用于 TCP、ISO-on-TCP、UDP 这 3 种通信协议；不带连接功能的指令有 TCON（建立通信连接）、TDISCON（断开通信连接）、TSEND（发送数据 TCP/ISO-on-TCP）、TRCV（接收数据 TCP/ISO-on-TCP）、TUSEND（发送数据 UDP）、TURCV（接收数据 UDP）等。

1. 建立连接并发送数据指令 TSEND_C

TSEND_C 指令格式如图 6.2-3 所示。用于建立一个 TCP 或 ISO-on-TCP 通信连接并发送通信数据，各端子的功能见表 6.2-1。

图 6.2-3　TSEND_C 指令格式

表 6.2-1　TSEND_C 指令端子说明

序号	端子标识	说明
1	TSEND_C_DB	调用 TSEND_C 指令时指定的背景数据块
2		指令的配置工具与诊断工具
3	REQ	在 REQ 的上升沿启动发送作业
4	CONT	控制通信连接：0 表示断开通信连接；1 表示建立并保持通信连接
5	LEN	可选参数（隐藏），即要通过作业发送的最大字节数。如果在 DATA 参数中使用具有优化访问权限的发送区，LEN 参数值必须为"0"
6	CONNECT	指向连接描述结构的指针。对于现有连接，使用 TCON_Configured 系统数据类型
7	DATA	指向发送区的指针，该发送区包含要发送数据的地址和长度；传送结构时，发送端和接收端的结构必须相同
8	输出端子	标识指令执行的结果、状态、错误代码及错误信息

注意：

（1）当执行完成时，"DONE"位仅接通一个扫描周期。当出现错误时，错误位"ERROR"仅接通一个扫描周期。

（2）CONNECT 指向连接描述用于设置通信连接，通过 CONT=1 设置并建立通信连接，成功建立连接后，参数 DONE 将被设置为"1"并持续 1 个周期。CPU 进入 STOP 模式后，将终止现有连接并移除已设置的连接。

（3）参数 DATA 定义发送数据区域，包括要发送数据的地址和长度。不可以在参数 DATA 中使用数据类型为 Bool 或 Array of Bool 的数据区。注意发送数据的长度和数据类型等要与接收端的数据长度和类型相匹配。其数据格式一般使用指针形式。

（4）发送数据（在参数 REQ 的上升沿）时，参数 CONT 的值必须为"1"才能建立或保持连接。在发送作业完成前不允许编辑要发送的数据。如果发送作业成功执行，则参数 DONE 将被设置为"1"，但参数 DONE 的信号状态"1"不能确定通信伙伴已读取所发送的数据。

（5）错误代码及错误信息可以通过帮助系统查询。

2. 建立连接并接收数据指令 TRCV_C

TRCV_C 指令格式如图 6.2-4 所示。各端子功能与 TSEND_C 指令类似。

其中 EN_R 是启用接收功能。接收数据（在参数 EN_R 的上升沿）时，参数 CONT 的值必须为"1"才能建立或保持连接。

DATA 是指向接收区的指针。传送结构时，发送端和接收端的结构必须相同。接收数据区长度通过参数 LEN 指定（LEN≠0 时），或者通过参数 DATA 的长度信息指定（LEN=0 时）。如果在参数 DATA 中使用纯符号值，则 LEN 参数的值必须为"0"。

3. 不带连接功能的通信指令

TCON 指令用于建立通信连接，TSEND 指令通过通信连接发送数据，两者联合使用时

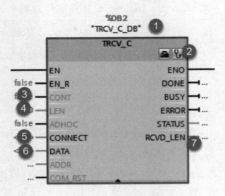

图 6.2-4　TRCV_C 指令格式

其功能与 TSEND_C 功能相同。TRCV 指令通过连接接收数据，此指令与 TCON 指令联合使用时其功能与 TRCV_C 功能相同。各指令端子定义也与 TSEND_C 和 TRCV_C 类似。

知识点 3：通信组态中的连接 ID

在 Profinet 的网络连接中，需要对每一个连接设备设置具有唯一性的连接 ID。连接 ID 可以在连接建立指令中直接设定，也可以在组态配置时设定。连接 ID 要满足以下 3 个条件。

（1）连接 ID 对于 CPU 必须是唯一的，每个连接必须具有不同的 DB 和连接 ID。

（2）本地 CPU 和伙伴 CPU 都可以对同一连接使用相同的连接 ID 编号，但连接 ID 编号不需要匹配。

（3）CPU 的连接 ID 可以使用任何数字。

针对同样的物理连接，可以采用灵活配置连接 ID 的方法实现不同的连接方式。比如：对于两个相同 CPU 之间的网络通信，可以通过 2 个不同的连接 ID 实现 2 个单向数据通信，也可以通过 1 个连接 ID 实现 1 个双向数据通信。其连接示意图如图 6.2-5 所示。

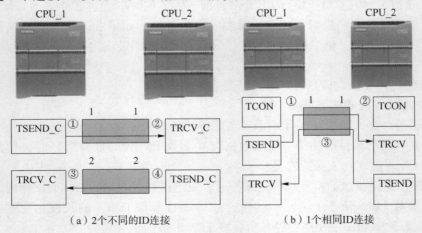

图 6.2-5　ID 连接示意图

 **工具箱**

技能点 1：创建网络连接

两个 S7-1200 站点 PLC1 和 PLC2 均为 CPU 1214C，它们的 PN 接口 IP 地址分别为 192.168.0.1 和 192.168.0.2，子网掩码为 255.255.255.0。设备名称分别为 TCP_Client 和 TCP_Server。网络连接参数设置及设备名修改参见"项目 4 PCL 控制变频器调速"。设置完成后其网络连接视图如图 6.2-6 所示。

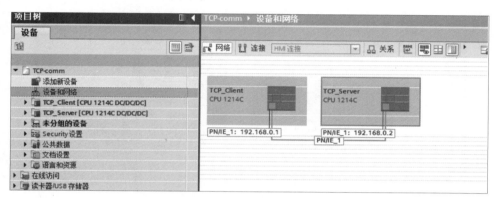

图 6.2-6　网络连接视图

技能点 2：TSEND_C 指令的配置与使用

以一个小的实例介绍 TSEND_C 指令的配置与使用。

实例：将 TCP_Client 中的 2 个 Word 型数据（一个数据代表电动机启停控制的控制字，另一个数据代表电动机运行速度的速度值）传送到 TCP_Server 中。

第一步：建立新项目，插入两个站点并设置 PN/IE_1 子网、IP 地址及设备名（见技能点 1）。

第二步：在 TCP_Client 中建立发送数据块，发送数据块设置如图 6.2-7 所示。

图 6.2-7　发送数据块设置

第三步：设置数据块的属性。右键单击 TCP_Client"数据块_1"，打开右键快捷菜单，选择"属性"命令，去掉"优化的块访问"复选框的勾选。单击编译按钮进行编译。具体操作参见本项目任务 6.1 的技能点 3 第四步。

第四步：建议在 TCP_Client 的硬件属性中启用"时钟存储器"，设置时钟存储字节位 MB10。在通信指令的 REQ 端使用时钟因子，可以自动实现周期性通信控制。其设置操作参见任务 6.1 的技能点 3 第五步。

第五步：在 TCP_Client 的"Main"中编程，将 TCP_Client 的"数据块_1"中的数据传送到 TCP_Server 的"数据块_1"中。

（1）将 TSEND_C 指令拖曳到编程区，如图 6.2-8 所示。

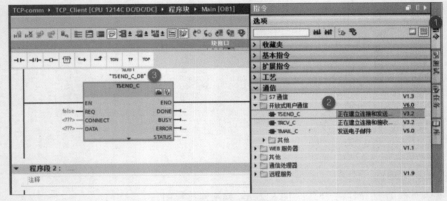

图 6.2-8　程序中插入 TSEND_C 指令

（2）单击 TSEND_C 指令的组态按钮，打开 TSEND_C 指令组态对话框。首先设置客户端的连接参数，"本地"参数自动生成，是客户端的 PLC，单击"伙伴"的下三角按钮选择"TCP_Server"，如果是非西门子厂家设备，则选择"未指定"；在"连接类型"下选择"TCP"，单击"连接数据"下的新建选项，自动创建"TCP_Client_Send_DB"，选中"主动建立连接"单选按钮。单击伙伴端的"连接数据"的下三角按钮，选择新建选项，自动创建"TCP_Server_Receive_DB"，伙伴端口地址选择默认的"2000"，设置完成后如图 6.2-9 所示。

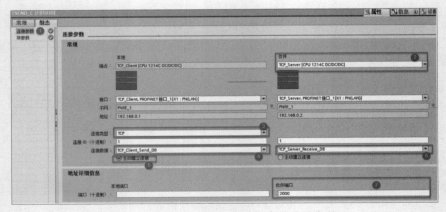

图 6.2-9　配置 TSEND_C 指令的连接参数

可以单击"块参数"选项，组态 TSEND_C 指令的输入输出端子。在此选择直接在指令块中输入端子所连接的信号。输入完成后的 TSEND_C 指令如图 6.2-10 所示。

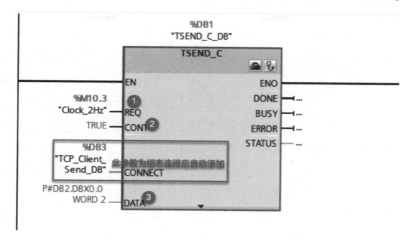

图 6.2-10　赋值 TSEND_C 的输入端子

①"REQ"端子选择 2 Hz 时钟存储器位触发通信指令，实现每隔 0.5 s 发送一次数据。因此，通信数据更新的时间为 0.5 s。

②"CONT"默认参数为"TRUE"，即一直建立连接。

③"DATA"写入区域地址为 TCP_Client PLC 的发送数据区，由于去掉了"优化的块访问"复选框的勾选，此处需要输入绝对地址 DB2。写入区设置为：发送数据 DB2 从 0 号字节开始的两个 Word 型数据。

④若不关注输出信号，输出区各端子可不设置。

技能点 3：TRCV_C 指令的配置与使用

由于开放式用户通信是双边通信，所以在服务器侧要配置 TRCV_C 并进行程序编写，完成数据的接收。

第一步：在 TCP_Server 中建立接收数据块，接收数据块设置如图 6.2-11 所示。

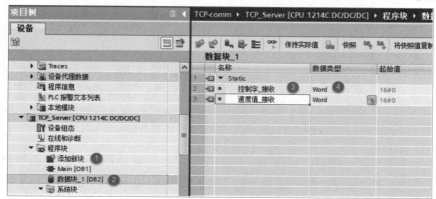

图 6.2-11　接收数据块设置

TCP_Server 中接收数据块去掉勾选"优化的块访问"复选框后进行编译处理。

第二步：将在 TCP_Server 的"Main"中编程，TCP_Server 的"数据块_1"接收 TCP_Client 发送过来的数据。

（1）将 TRCV_C 指令拖曳到编程区，如图 6.2-12 所示。

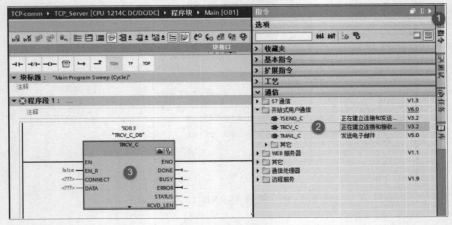

图 6.2-12　程序中插入 TRCV_C 指令

（2）单击 TRCV_C 指令的组态按钮，打开 TRCV_C 指令组态对话框。设置服务器端的连接参数，"本地"参数自动生成，是服务器端的 PLC，单击"伙伴"的下三角按钮选择"TCP_Client"，如果是非西门子厂家设备，则选择"未指定"；在"连接类型"下选择"TCP"，在"连接数据"下选择客户端组态时创建的"TCP_Server_Receive_DB"和"TCP_Client_Send_DB"，即客户端发送数据和服务器端接收数据采用一个 ID 连接。本地端口为"2000"。组态完成后如图 6.2-13 所示。

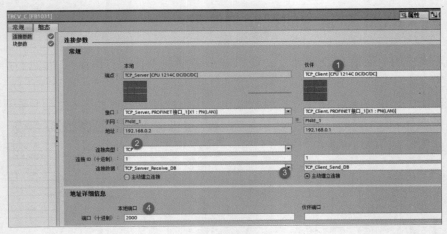

图 6.2-13　配置 TRCV_C 连接参数

可以单击"块参数"选项，组态 TRCV_C 指令的输入输出端子。在此选择直接在指令块中输入端子所连接的信号。输入完成后的 TRCV_C 指令如图 6.2-14 所示。

①"EN_R"端子设置为"1"，即一直处于接收状态。

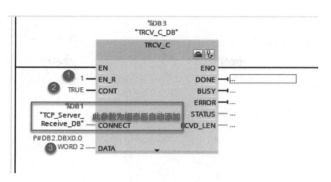

图 6.2-14　赋值 TSEND_C 的输入端子

② "CONT" 默认参数为 "TRUE"，即一直建立连接。

③ "DATA" 为 TCP_Server PLC 的接收数据区，由于去掉了 "优化的块访问" 复选框的勾选，此处需要输入绝对地址 DB2。接收区设置为：接收数据放置在从 DB2 的 0 号字节开始的两个 Word 区。

④若不关注输出信号，输出区各端子可不设置。

技能点 4：TSEND_C/TRCV_C 程序的调试

客户端 TSEND_C 和服务器端 TRCV_C 程序编写完成后，可进行通信调试。在此利用仿真软件进行通信程序调试。

第一步：装载客户端 PLC 程序。选中 "TCP_Client" PLC，在工具栏中单击 "开始仿真" 按钮，启动仿真器。单击 "下载到设备" 按钮，装载客户端 PLC 程序，装载完成后启动 PLC 模块运行，如图 6.2-15 所示。

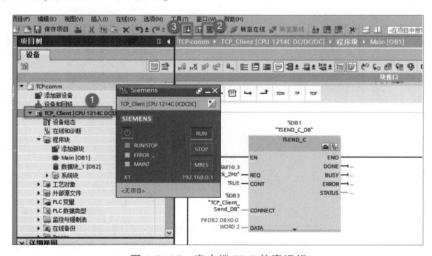

图 6.2-15　客户端 PLC 仿真运行

第二步：用同样的方法装载服务器端的 PLC 程序，并启动服务器 PLC 仿真运行，装载程序运行后如图 6.2-16 所示。

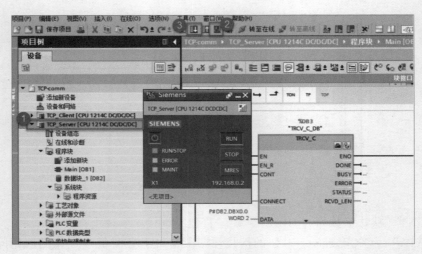

图 6.2-16 服务器端 PLC 仿真运行

第三步：分别打开客户端和服务器端 PLC 的发送数据块和接收数据块，并打开数据监视功能。在客户端发送数据 DB 块中改写要发送的数据，在服务器端 PLC 中监控数据接收数据块中数据是否与发送数据一致。即在客户端 DB 块中选择要修改的发送数据并单击右键，选择"修改操作数…"命令，弹出"修改"对话框。在此对话框的 3 位置修改数据的值，单击"确定"按钮后，观察服务器端的数据是否与发送数据一致。调试界面如图 6.2-17 所示。

图 6.2-17 通信仿真调试

实施引导

1. 任务分析

利用开放式用户通信方式实现的任务要求与用 S7 通信实现的任务要求相同，网络规划及数据规划也相同。G120 同样设置为总线控制方式，选择报文 1。仅将通信所用指令及配置修改为 TSEND_C 和 TRCV_C。与 S7 通信不同的是 S7 为单边通信，而 OUC 为双边通信，其客户端用 TSEND_C 指令发送数据，其服务器端需用 TRCV_C 指令接收数据，并且客户端和服务器端的通信指令均需要进行参数组态。

由于 OUC 通信为双边通信，在服务器端同样可以组态 TSEND_C 指令发送数据，对应客户端需要组态 TRCV_C 指令接收数据。

PLC1 端为数据接收端，PLC1 端设置如图 6.2–18 所示。

图 6.2–18　PLC1 端设置

PLC2 端发送控制字与速度值数据，设置如图 6.2-19 所示。

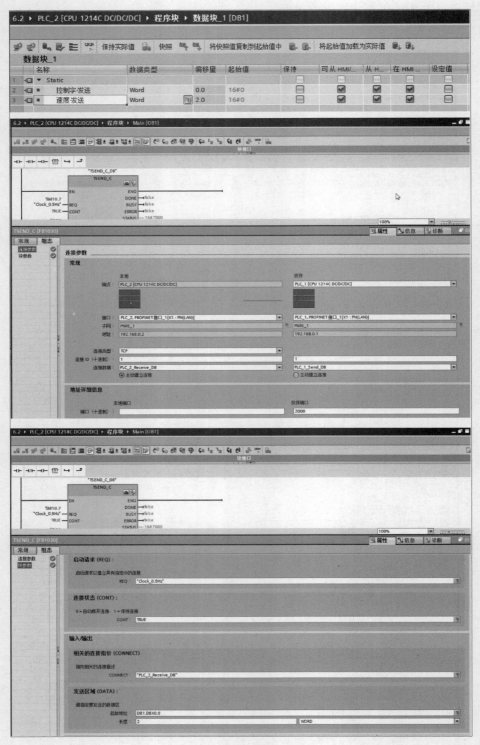

图 6.2-19　PLC2 端设置

2. 参考程序

（1）PLC2 站点程序。

M0.0 为 PLC2 端通过 RS 指令处理的启停信号，PLC2 端启动信号置位 M0.0，停止信号复位 M0.0（此段程序未显示）。控制字与速度值被传送到发送数据块中，如图 6.2-20 所示。

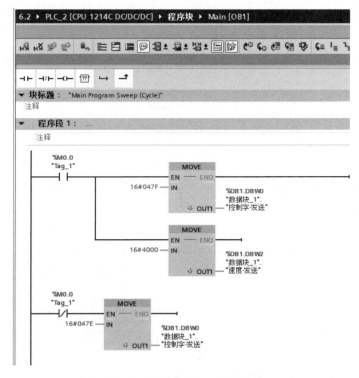

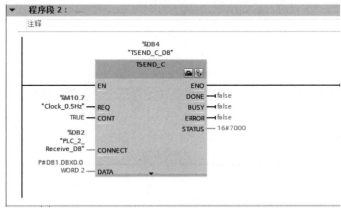

图 6.2-20　PLC2 站点示例程序

（2）PLC1 站点程序。

PLC1 站点需要完成本站启停信号 25 Hz 启动变频器的任务，或来自 PLC2 站点启停信号 50 Hz 启动变频器的任务。示例程序如图 6.2-21 所示。

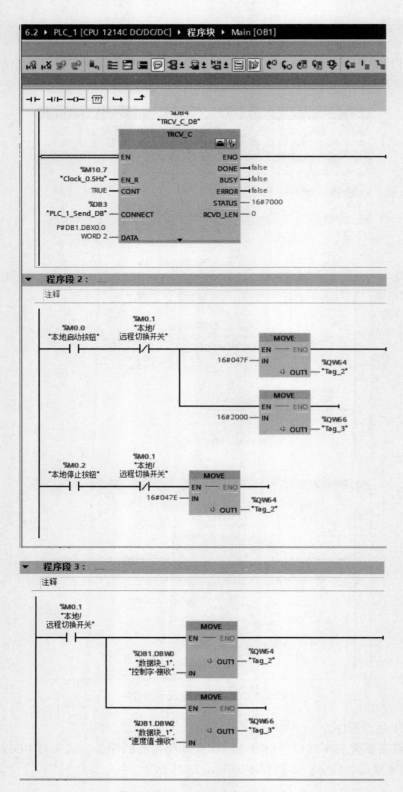

图 6.2-21　PLC1 站点示例程序

任务实施记录单

任务名称	开放式用户通信控制 G120 启停与速度	完成时长	
组别		组长	
组员姓名			
材料清单	元件：两个 S7-1200 CPU 1214C DC/DC/DC、24 V 稳压源、按钮、交流异步电动机、G120C、网络连接线等； 工具：一字改锥、十字改锥、万用表、剥线钳、压线钳； 耗材：导线、线针	费用预算	
任务要求	工业以太网中的两个 PLC 站点，PLC1：S7-1200 DC/DC/DC CPU，Profinet 网下挂 G120C 变频器；PLC2：S7-1200 DC/DC/RLY CPU（也可以是其他厂家设备）。 　　要求：PLC1 端设置本地/远程控制开关，当开关打到本地控制时，PLC1 的启停按钮控制 G120C 以 25 Hz 运行；当开关打到远程控制时，PLC2 的启停按钮控制 G120C 以 50 Hz 运行		
资讯与参考			
决策与方案			
实施步骤与过程记录			

任务名称	开放式用户通信控制 **G120** 启停与速度		完成时长	
检查与评价	自我检查记录			
	结果记录			
文档清单	列写本任务完成过程中涉及的所有文档，并提供纸质或电子文档。			
	序号	文档名称	电子文档存储路径	完成时间	负责人
	1				
	2				

考核评价单

任务名称	开放式用户通信控制 G120 启停与速度	验收结论	
验收负责人		验收时间	
验收成员			
材料清单	元件：两个 S7－1200 CPU 1214C DC/DC/DC、24 V 稳压源、按钮、交流异步电动机、G120C、网络连接线等； 工具：一字改锥、十字改锥、万用表、剥线钳、压线钳； 耗材：导线、线针	费用核算	
任务要求	工业以太网中的两个 PLC 站点，PLC1：S7－1200 DC/DC/DC CPU，Profinet 网下挂 G120C 变频器。PLC2：S7－1200 DC/DC/RLY CPU（也可以是其他厂家设备）。 　　要求：PLC1 端设置本地/远程控制开关，开关打到本地控制时，PLC1 的启停按钮控制 G120C 以 25 Hz 运行；开关打到远程控制时，PLC2 的启停按钮控制 G120C 以 50 Hz 运行		
方案确认			
实施过程确认			

任务名称	开放式用户通信控制 G120 启停与速度	验收结论	

	评价列表	验收要点	配分	得分
验收要点	素养评价	纪律（无迟到、早退、旷课）	10	
		安全规范操作，符合 5S 管理	10	
		团队协作能力、沟通能力	10	
	工程技能	网络规划、配置合理	10	
		网络连接有效	10	
		硬件组态正确	10	
		TSEND_C/TRCV_C 指令配置正确	10	
		数据块中数据规划合理	10	
		能够发现并修正硬件连接错误	10	
		能够使用博途调试诊断工具修改软件故障	5	
		能够编写满足控制要求的程序	5	
	总评得分			

效果评价	1. 目标完成情况 2. 知识技能增值点 3. 存在问题及改进方向

	列写本任务完成过程中涉及的所有文档，并提供纸质或电子文档。

文档接收清单	序号	文档名称	接收人	接收时间
	1			
	2			

技 为 我 用

以西门子 PLC1 为客户端、三菱 PLC2 为服务器，使用 TSEND_C 和 TRCV_C 指令实现两个 PLC 间数据交换。

控制要求：PLC1 站启停按钮可以单独启停电动机 1，PLC2 站启停按钮可以单独启停电动机 2。当安装在 PLC2 上的并行启动按钮按下时，两台电动机同时启动；当并行停止按钮按下后，两台电动机同时停止。

进 阶 测 试

判断题

1. 开放式用户通信能传送的数据类型有 Bool、Byte、Word 等。（　　）

2. 开放式用户通信可以实现西门子设备与第三方设备之间的数据通信。（　　）

3. TSEND 指令的 REQ 端子一直保持高电平才能正常发送数据。（　　）

4. TSEND_C 指令集成了 TCON 和 TSEND 指令的功能。（　　）

5. TRCV 指令的数据接收区与 TSEND 指令的数据发送区的数据类型和数据长度必须一致。（　　）

6. 当发送区和接收区数据均为符号寻址时，数据长度 LEN 参数必须设置为"0"。（　　）

参 考 文 献

［1］廖常初. S7-1200 PLC 应用教程［M］. 2 版. 北京：机械工业出版社，2023.

［2］王淑芳. 电气控制与 S7-1200 PLC 应用技术［M］. 北京：机械工业出版社，2020.

［3］孟静静，郝睿，王惠卿，等. 基于 PLC 与工业机器人的自动生产线智能包装系统设计［J］. 制造技术与机床，2021（11）：63-67. DOI：10.19287/j.cnki.1005-2402.2021.11.012.

［4］赵旭光. 基于 PLC 的新能源电池生产线自动控制系统设计［D］. 西安：西安石油大学，2024. DOI：10.27400/d.cnki.gxasc.2023.000657.

［5］李楠. 基于 PLC 的黄桃罐头生产线自动分装系统研究［D］. 大连：大连海洋大学，2024. DOI：10.27821/d.cnki.gdlhy.2023.000335.

［6］林蒙丹，赵雪林. 基于 PLC 的自动包装码垛生产线的研究与设计［J］. 包装工程，2019，40（11）：148-154. DOI：10.19554/j.cnki.1001-3563.2019.11.022.

［7］王贺彬，白锐，吕永津，等. 基于 PLC 与触摸屏的空压站自动监控系统设计［J］. 制造业自动化，2023，45（10）：125-128.

［8］任俊杰，李媛. 基于 PLC 和串口通信的压力仪表自动调试系统设计［J］. 制造业自动化，2022，44（10）：88-91.